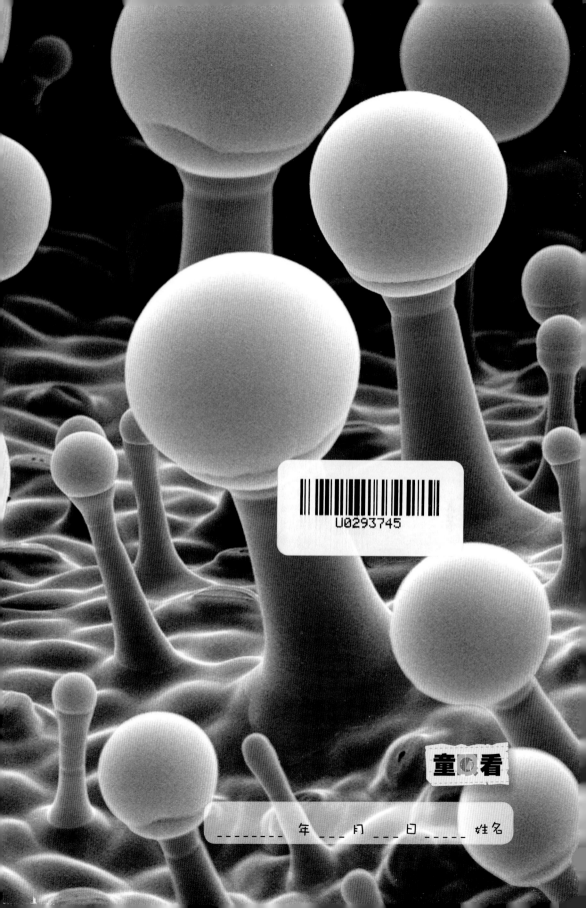

U0293745

童●看

_____ 年 ___ 月 ___ 日 _____ 姓名

上页是还没长大的金针菇吗？

哈哈，它是快乐鼠尾草叶子上微小的毛。详见第 92 页。

放大 6
千万倍的世界

哇，它是一个水果匹萨吗？

不，它是大王花的花蕊。详见第 76 页。

THE NATURAL WORLD CLOSE-UP

千姿百态的生命奇迹

〔英〕吉勒斯·斯帕罗 著　刘敏霞　刘宇 译

联合出版公司
Publishing Co.,ltd.

目录

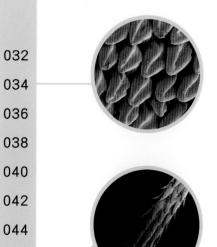

2 多样性的高等植物

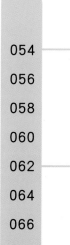

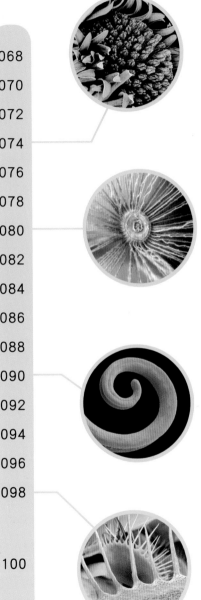

不可思议的 小世界

小朋友们，准备好了吗？和小肥豆一起穿越到放大千万倍的微观世界，去拜访大自然这位伟大的能工巧匠，看看它有多奇妙，你们一定会大开眼界！

你所不知道的世界

人类的眼睛是个很奇妙的器官，是千万年来进化的结果，它能让我们看到自然界的山川、河流、日出、晚霞、美丽的花朵和可爱的动物。但是，眼睛能看到的东西是有限的，它们无法聚焦在非常小的物体上，就算是一些离我们非常近的物体，我们也不能仅凭肉眼来观察它们细微的结构。

探索自然的秘密武器

那么，我们常常利用什么秘密武器来观察微小的世界呢？

早在公元前 400 年，古希腊人就试图研究物质的细微结构。不过，研究微观世界的技术一直到 17 世纪才有所突破。从简单的放大镜到光学显微镜，从电子显微镜到扫描探针显微镜，如今，这些技术仍在继续发展。借助这些高科技仪器，我们不仅可以观察自然界的细节，还可以探究物质本身的基本特性。

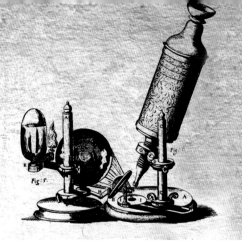

打开科学的奥妙之门

　　这套书向小读者们展示了 300 多幅令人叹为观止的图片，以前所未有的方式揭秘我们这个星球上的岩石、水和生物那令人惊艳的细微之处。看看在电子显微镜下的火山灰，就像是撒满坚果颗粒的松脆饼干；而线粒体在高倍放大的图片里竟然像一只带绒毛的小鞋子。

　　这套让小朋友们为之着迷的自然科普书，通过最美的细节来观察自然界，为他们打开了一扇通往科学的奥妙之门。

快跟我穿越到神奇的微观世界吧！

　　< 放大倍数 >

　　本书中图片的放大倍数是和物体的实际大小相比较的，而不是和背景图片相比较。

显微镜下的生命

左图中的绿色刺球是什么？它竟然是在扫描电子显微镜下看到的植物花粉！那么，右图是什么动物呢？原来，它是猫身上的跳蚤，在显微镜下纤毫毕现。

猜猜看，这长得像大蒲扇一样的东西是什么？

答案见第 42 页

动物进化的
伟大成果

地球上生活着各种各样的动物，它们几乎适合在任何一种生态环境下生存。从简单的海洋动物到极其复杂的陆生动物，它们不断进化，改良着自身的组织和器官，发展出多种多样的生活方式。

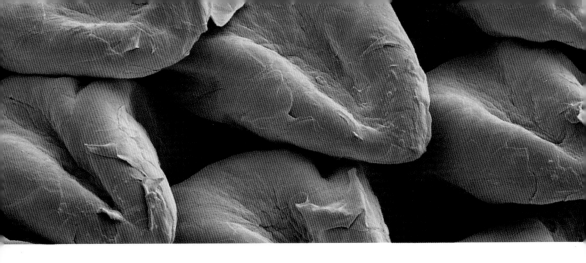

高级特征

　　大多数现代动物表现出各种各样的高级特征，这些特征经过了上百万年进化的打磨。例如，动物的神经系统可以收集和分析周围环境中的信息，并能协调各种功能，如运动功能。感觉信号可以在动物的身体中传送，或者集中在某些特定的器官上。对于人类而言，就集中在我们的五个感觉上，即视觉、听觉、触觉、味觉和嗅觉。

敏锐的感官

　　动物完整的感觉范围还包括对电和磁的敏感性，对熟悉环境的适应性。例如，蝙蝠和海豚的声波定位能力，以及在鱼身上发现的对压力敏感的侧线。或许，在动物身上还有更多我们还没有证实的感觉和能力。从动物感官发出的信号通过互相联系的神经细胞传递到身体的各处。在许多动物中，完整的神经系统是通过一个中心组织机构——大脑来协调的。

各司其职的系统

神经系统只是动物体内几个专门的系统之一，常包含一个或多个主要的器官，以及一个可以四处运输信号的"运输网"。其他系统包括：将氧气和养分输送到身体的各个细胞的循环系统；加工食物并吸取营养的消化系统；将氧气带到身体中的呼吸系统；运用荷尔蒙在身体中发送信号的内分泌系统；以及可以让动物繁殖，并将遗传物质和其他确保变异的物质一起传给下一代的生殖系统。

灵活自如的运动能力

为了适应各种复杂环境并寻找食物，大多数动物需要具备运动能力，不同种类的动物拥有各自独特的行动方式。例如，栉水母和水母长有像头发一样的纤毛，推动自身游动；海星和其他棘皮动物利用"水管系统"在海洋中活动自如；软体动物和脊椎动物则拥有发达的肌肉系统，可随意动作。

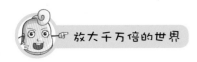

两栖动物

放大 2 倍

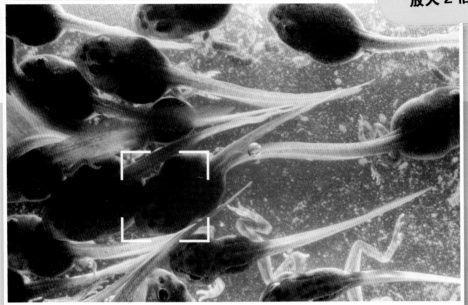

一点儿也不像青蛙

　　右页是幼小蝌蚪的高倍放大图，展现了一只与成年青蛙截然不同的动物。这只蝌蚪有着呆呆的、未发育完全的头部，凹陷处是眼睛正在形成的地方，前肢的雏形位于身体下面，身体后面拖着一条长长的尾巴。在这个阶段蝌蚪外部的鳃非常明显，但鳃囊会很快长出来，以避免蝌蚪暴露在空气中时身体变干。

■ 简单说来，两栖动物就是既能在干燥的陆地上生活，又能在水中生存的动物。尽管两栖动物中的某些种类已经进化到可以适应较为干燥的陆地环境，但它们中的绝大多数的皮肤都必须保持湿润。两栖动物有着适合在陆地和水中活动的肢体，以及能从空气中吸取氧气的肺，但它们都只能将卵产在水中，比如青蛙。青蛙将蛙卵产在池塘、湖泊中，孵化出蝌蚪，最后长成成年青蛙。

蛋壳

多孔的表面

　　右页高倍放大图展示的是普通的鸡蛋壳。鸡蛋壳是由排列了一层层的碳酸钙结晶的蛋白质构成的。这些蛋白质不但有助于塑造鸡蛋的形状，而且还能增加蛋壳的坚硬度，防止蛋壳在最轻微的碰撞下破裂。实际上，鸡蛋壳本身是多孔的，在蛋产出之前，母鸡会分泌出一层蜡状的物质包裹在蛋壳的表面，能防水和避免外界感染。

■　　有着硬壳的蛋对于任何一种陆生动物来说都是维持生命所必需的一种繁殖方式，因为它们不会像两栖动物一样返回到水中去产卵，也不会像哺乳动物一样在身体内部孵化出幼仔。在受精卵内部，发育中的胚胎以蛋黄为营养来源，悬浮在蛋清的保护液体中。鱼类和两栖动物把卵产在水里，只需要再提供一个柔软的薄膜包裹着卵就可以了，因为它们不用担心这些卵会变干。

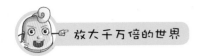
科莫多巨蜥

防水的外衣

像所有的爬行动物一样，科莫多巨蜥适应了干燥的陆地环境。事实上，爬行动物是第一批离开水并放弃两栖生活的脊椎动物。为了在陆地上生存，它们进化出了坚韧和干燥的皮肤。右页图展示的是蜥蜴的鳞片在扫描电子显微镜下的样子，整个皮肤都是防水的，易受伤害的地方由角质鳞片保护着。

■ 科莫多巨蜥是迄今仍存活的最大的一种蜥蜴。这种巨型动物生活在印度尼西亚岛屿上，能长到3米长。它们是一种机会主义的食腐动物和捕食性动物，以咬食大型猎物（例如牛）而著称。它们会用体内有毒的唾液来感染猎物，然后跟踪猎物好几天，直到毒素发挥作用。近来，人们普遍认为这种蜥蜴的毒是在它们的口中将稀奇古怪的细菌培养后的结果，但新的研究表明这种蜥蜴其实将它们的毒腺隐藏在下颌里。

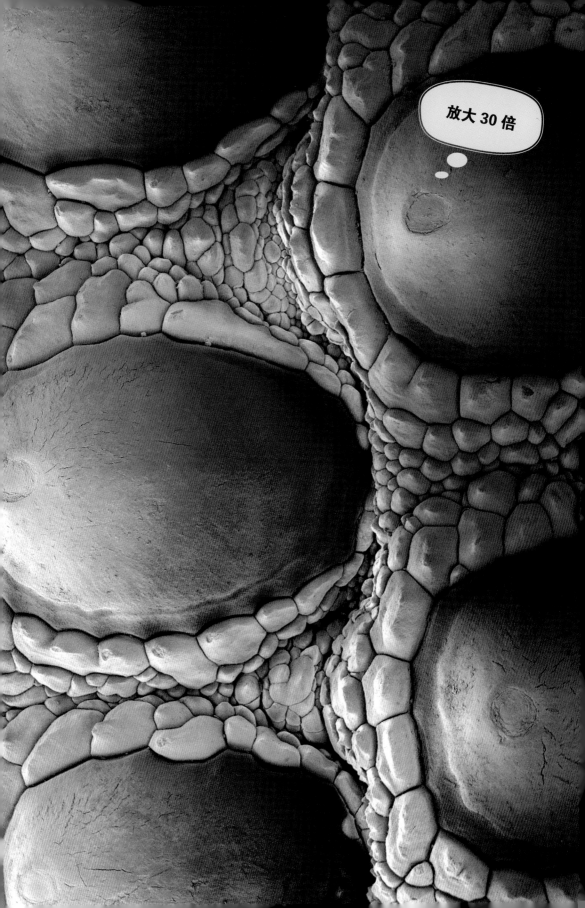

蛇

放大 3 倍

蛇为什么要蜕皮?

  蛇的皮肤上覆盖着数不清的鳞片,这些鳞片功能多样。大部分鳞片都是平滑而干燥的,使蛇能在狭窄的空间滑行。然而,身体下侧那些较为粗糙的鳞片则可以防止它们爬行的时候被擦伤。蛇会定期蜕皮,完整地将有鳞片的那层表皮蜕下。不过,对于蛇来说,蜕皮可能不一定是为了成长,而是为了有一个光滑且没有寄生虫的外层。

蟒蛇属于无毒蛇类!

■ 蛇是没有腿的爬行动物,它们增加了椎骨的数量(通常能达到好几百个),并适应了在地上爬行的生活。尽管它们没有腿,但活动范围惊人。蛇不仅能快速移动,还能将自己紧紧地盘绕起来。它们能在必要时迅速地发起攻击,比如有毒的响尾蛇。

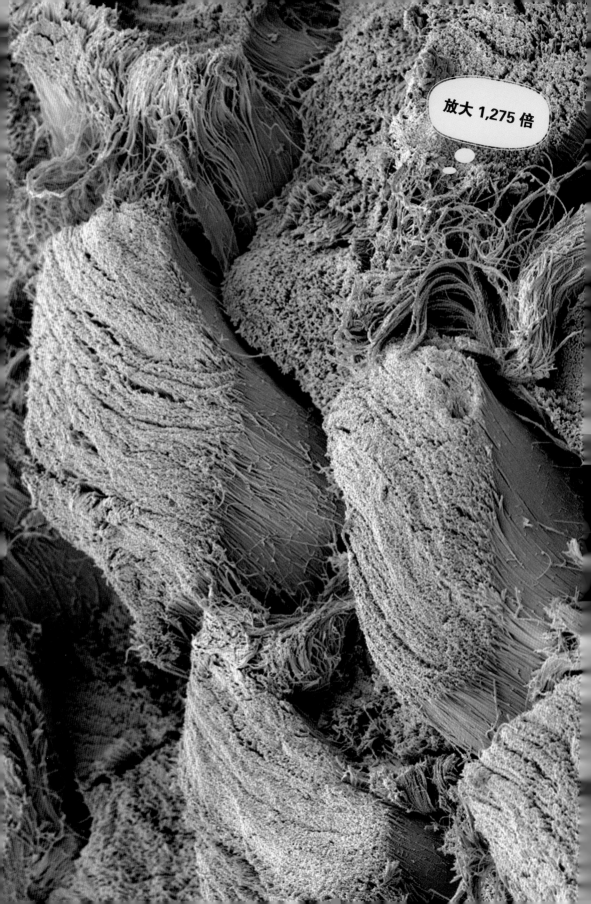

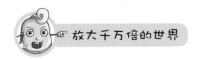

壁虎脚

放大 54 倍

秘密曝光了！

　　在扫描电子显微镜下，壁虎的秘密展露无遗。如上面右图及右页图所示，每个脚趾上都覆盖着成千上万的像头发一样的纤维，叫作"刚毛"。这些刚毛使得整个脚有了一个巨大的表面积，形成可以利用的分子间瞬间的吸引力。这些力在大部分情况下是微不足道的，但成几千倍地增加后，就能稳稳当当地支撑起壁虎的身体了。

　　壁虎以它们如杂技般的技艺而享有盛誉。它们能飞檐走壁，甚至轻轻松松地爬过天花板。这种能力主要归功于它们独特且又高度专业化的脚，它们的脚能粘到几乎任何表面上。从理论上讲，这些力如此强大，以至于壁虎在光滑的表面上仅用一个脚趾就能悬挂，支撑相当于它们体重的大概八倍的重量。

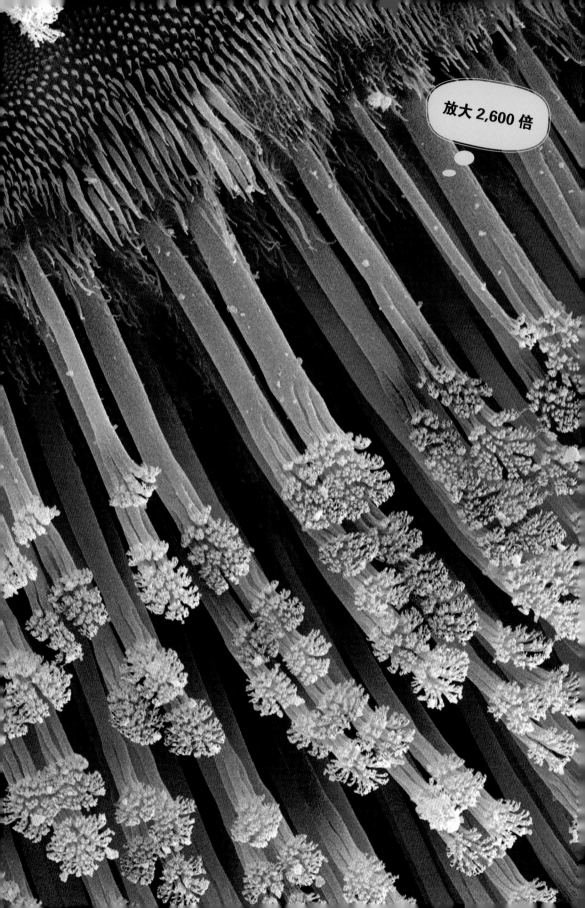

变色龙

伪装高手

　　变色龙以其鲜亮的颜色、能改变皮肤色彩的能力和巧妙的伪装手段而著名。如右页图所示，变色龙的皮肤由许多层组成——在外层透明的表面下有着包含了黄色和红色的色素细胞。在这些下面还有另一层鸟粪素细胞，它们是透明的，却能从周围环境中反射出蓝色的光。通过控制色素细胞层中的色素，变色龙的皮肤能产生出多种多样的颜色来与周围环境相搭配。黑色素细胞控制着皮肤整体的亮度。

■　变色龙是非常奇特的爬行动物，能在树之间捕食昆虫和其他小动物。它们那像连体手套一样的脚爪和可以卷曲的尾巴非常适合抓握大大小小的树枝。它们的视力极佳，能准确聚焦猎物并判断猎物位置。变色龙会习惯性地缓慢爬动，静静地靠近猎物，并展开猝不及防的攻击。

海豹毛皮

暖暖的棉袄

  右页图展示的是海豹的毛皮，每一根毛发都呈扁平状。毛皮像指甲和触角一样，是由被称为"角蛋白"的蛋白质构成的，都是防水的。这些毛发一层又一层，将靠近海豹皮肤的空气困住，并保护皮肤不会直接接触冰凉的海水。同时，当海豹爬到陆地上时，还能保护皮肤不受风的侵蚀。

  ■ 大部分哺乳动物都有毛皮。毛皮是一种隔热材料，通过困住靠近皮肤表面的暖空气并阻止寒冷的风直接吹到血管上来调节体温。不过，一些生活在温暖地区的哺乳动物脱落了大部分毛皮；一些完全水生的哺乳动物，例如鲸鱼和海牛，已经完全没有了毛皮，取而代之的是在皮肤下面进化出的一层厚厚的保暖的脂肪。而海豹不仅有着动物界最浓密的皮毛，皮下还有一层保暖的脂肪。

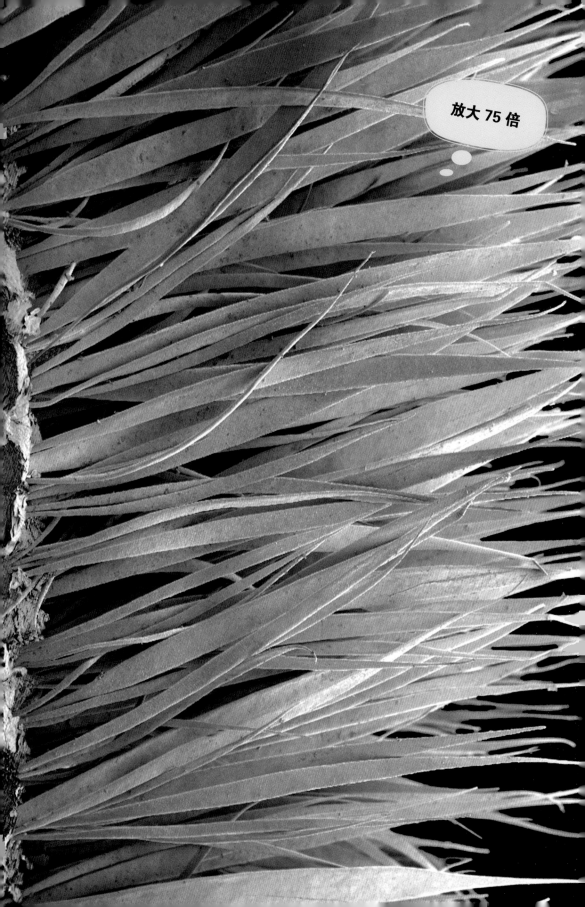

北极熊

中空的毛发

北极熊有最令人称奇的毛皮，再加上一层约 10 厘米厚的鲸脂和黑色的能吸热的皮肤，这几乎防止了所有的热量从身体中流失。浓密的下层绒毛和较长的针毛都是透明的，但看起来是白色的。科学家过去认为针毛中间中空的通道（见右页图）起着自然"光导纤维"的作用，引导光进入到熊的黑色皮肤里，但近期的研究表明实际情况其实并非如此。

北极熊是北极地区的顶级捕食者，捕食范围包括所有高纬度地区，甚至包括北冰洋上千变万化的浮冰群。北极熊与棕熊有着紧密的联系，它们是最近进化的种类之一。北极熊是地球上最大的陆地食肉动物，成年雄性体重约为 700 千克。它们嗅觉灵敏，能发现远在几千米外的猎物，甚至能捕食藏在冰里的猎物。

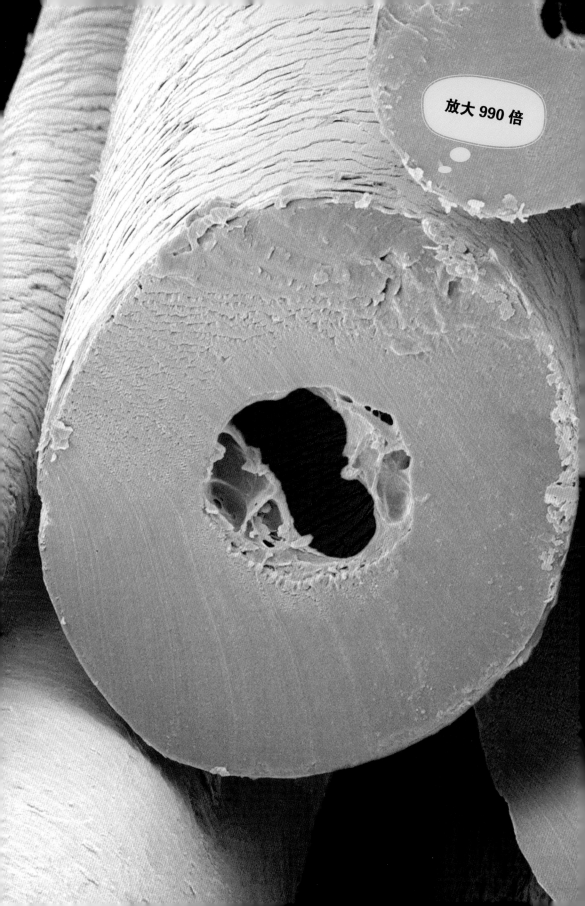

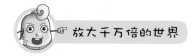

猎豹

跑得最快的陆生动物

猎豹是陆地上跑得最快的动物，能在短时间内以 120 千米 / 小时的速度奔跑。这样惊人的奔跑速度主要归功于肌肉产生的不可思议的力量。肌肉几乎在所有的动物身上都有，但在这种快速奔跑的哺乳动物身上发展到了完美。猎豹的整个身体器官的构成都围绕着一个需求——为肌肉提供大量的含氧血液。它们有着增大的鼻孔、鼻窦和肺，呼吸频率能达到 150 次 / 分，是人类运动员最大空气吸入量的两倍。

肌肉主要分为心肌、平滑肌、骨骼肌三大类。心肌只存在于心脏，最大的特征是耐力和坚固，可以像平滑肌那样有限地伸展。平滑肌存在于消化系统、血管、膀胱、呼吸道和雌性的子宫中，能够长时间拉紧和维持张力。骨骼肌是可以看到和感觉到的肌肉类型，由具有收缩能力的肌纤维构成（见右页图）。猎豹有着比其他任何动物都要多的收缩肌纤维。

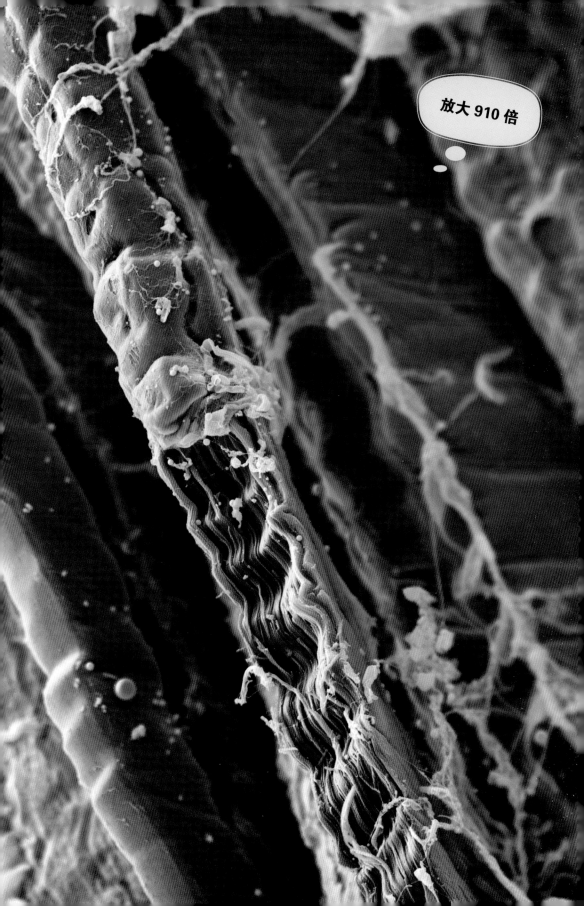

蝙蝠

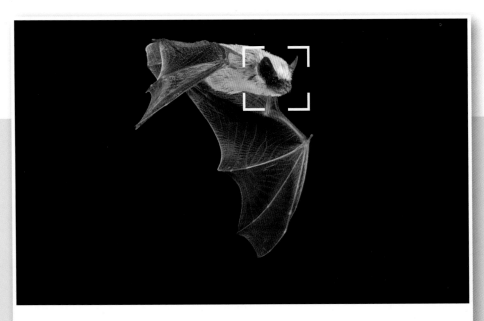

空中飞行员

　　如右页图所示，蝙蝠的头部有许多不同寻常的特征，这些特征使它们成为技艺精湛的空中捕食者。小蝙蝠通常是夜间出来活动的，捕食时主要依赖声音，而不是靠视觉。它们能从喉部发出高频率的声波，这些声波从附近的物体上反射回来，所产生的回声被蝙蝠那可以轻松移动的大耳朵捕获。然后蝙蝠的大脑的一个专门区域就会负责计算出猎物的距离、大小、方向和正在活动的现状，同时还能确定捕食时的障碍物。

■　哺乳动物中有几种能够短距离滑翔，不过蝙蝠是唯一能够持久地在空间飞行的哺乳动物。蝙蝠的滑翔本领要归功于它们翅膀下面的薄膜，我们称之为"翼膜"。世界上大概有1,100种蝙蝠，分成了两大类：小蝙蝠亚目和大蝙蝠亚目。一般说来，小蝙蝠以昆虫和其他小动物为食，而大蝙蝠则以水果和花粉为食。

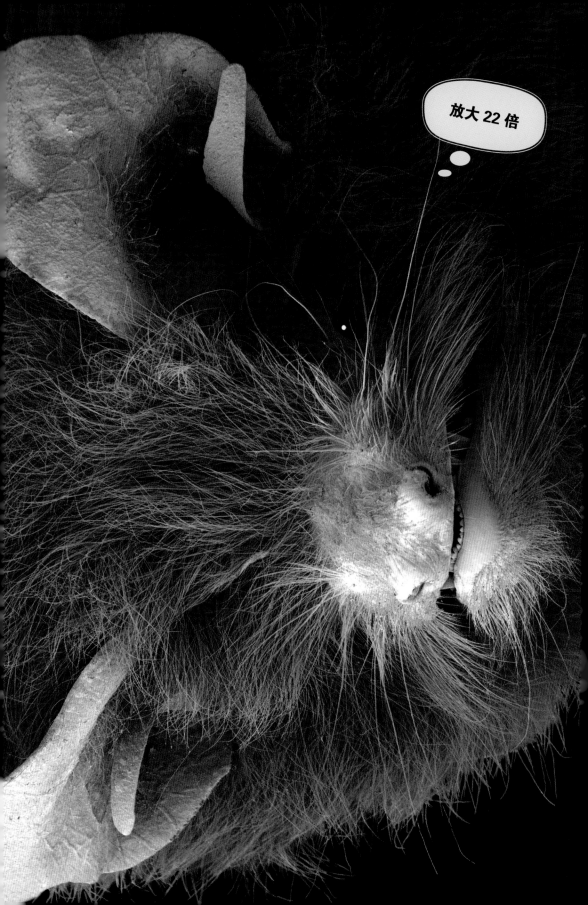

鲸鱼

梳理海水

　　鲸鱼大体上被分为两大类：齿鲸亚目和须鲸亚目。齿鲸亚目又称"有齿的鲸鱼"，包括海豚、虎鲸和抹香鲸。须鲸亚目又称"有鲸须的鲸鱼"。鲸须是一种硬硬的物质，由角质蛋白构成，生长在从鲸鱼上颚垂下的又大又平的梳齿状薄片上（见右页图）。这些薄片在鲸鱼的滤食过程中起着重要的作用。鲸鱼张开大嘴巴吸入大量的水，同时吸入的还有大量的小鱼、小虾等。一旦嘴巴合上，鲸鱼就用舌头将水通过梳子状的鲸须排出，并将留下的食物吃掉。

鲸鱼不是鱼！

■　鲸鱼是所有哺乳动物中块头最大的。鲸鱼既包括像灰鲸、抹香鲸和蓝鲸这样的庞然大物，又包括像海豚和鼠海豚这样的较小种类。约4,500万年前，鲸鱼由居住在湿地的祖先进化而来，或许它们的祖先与鹿类似。不过，现存的它们的最近的亲戚却是河马。如今，它们进化出了高度发达的大脑和先进的社会行为方式，包括群体狩猎和相隔很远也能交流的能力。

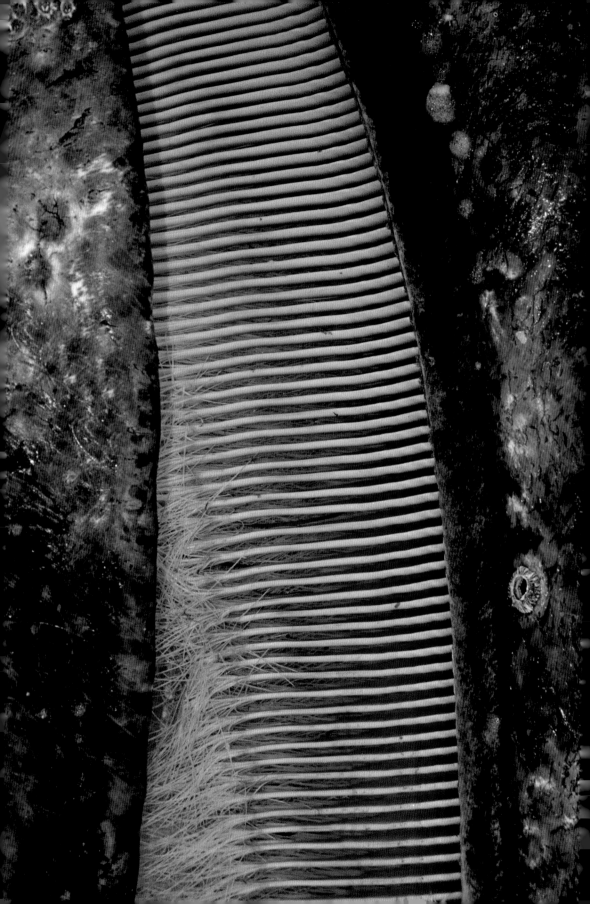

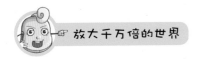
豪猪刺

神奇的抗菌本领

　　右页是一根豪猪刺在显微镜下的高倍放大图，上面包裹着由角质蛋白构成的粗糙薄片，有着朝后的倒钩，一旦刺入猎物的皮肤就很难拔出来。豪猪身上的刺很多，如果掉了一根，毛囊中会重新长出一根新的来，而且这个毛囊还可以给刺涂上具有抗菌作用的化合物，有助于防止伤口感染。

■　　有些动物为了各自的目的，身上的毛发会进化为不同的形态。犀牛角这种强有力的防卫武器完全由毛发演化而成。不过豪猪刺更加巧妙，密密麻麻地分布在身体的大部分地方。豪猪刺嵌在皮肤的肌肉中，通常情况下是平贴着皮肤的，但有时也能直竖起来形成可怕的刺球。豪猪刺能自由地摇动，当豪猪处于被猎捕的紧急情况下，它们能通过内在的压力使刺自动脱离身体。

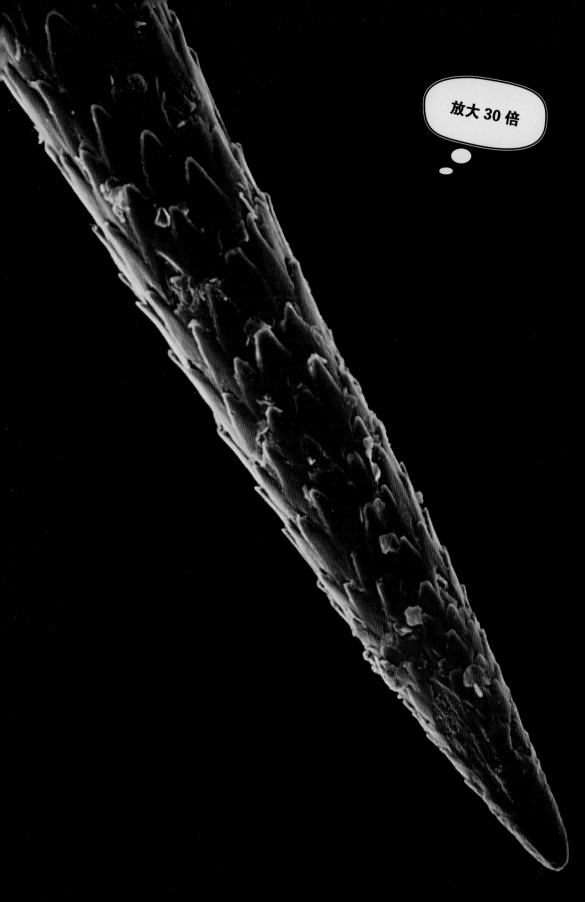

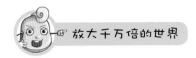
鼹鼠

震动检测器

　　鼹鼠有着高度发达的触觉，并将它们的鼻子作为支配这个感觉的主要器官，这弥补了其他退化了的感觉器官所带来的损失。在鼹鼠的鼻尖，通常有一组极其敏感的触觉感受器，叫作"埃尔默器官"，使它们能感觉到猎物经过时引起的震动。北美的星鼻鼹鼠将这种感觉发挥到了极致，它的鼻子能向外张大，被敏感触觉细胞覆盖着的触角显露出来（见右页图）。

■　鼹鼠是最奇特的哺乳动物之一。它们会打洞挖土，以昆虫和蚯蚓为食。它们收集食物是通过在地下挖许多相通的隧道，然后在这些隧道里来回巡逻以找到偶然进入的小动物，比如蚯蚓。鼹鼠常年在地下生活，有着短而浓密的皮毛、强有力的适合挖掘的肢体、大大的可以推动泥土的前爪，以及退化或受到保护的感觉器官。它们退化得像针孔一样的小眼睛完全被皮肤和内耳盖住了。

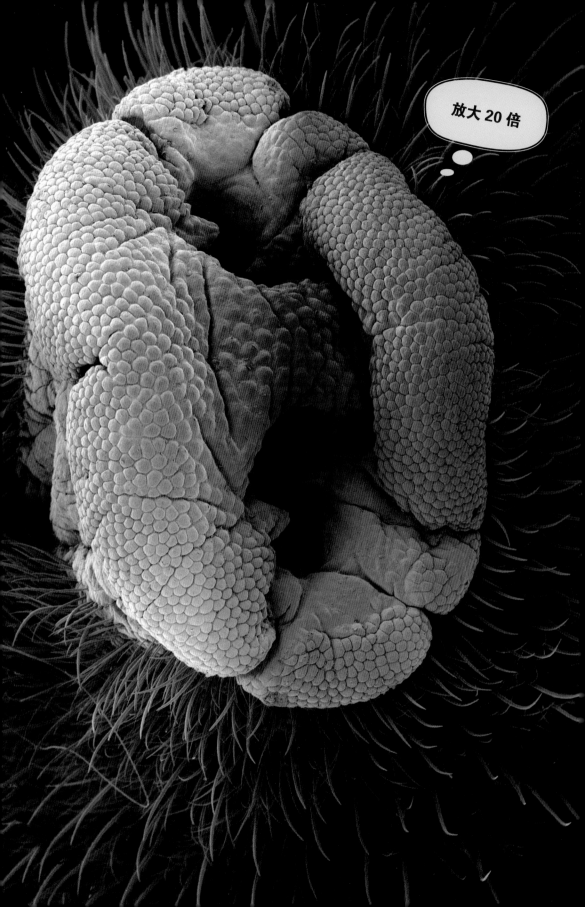

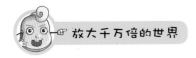

家猫

如梳子一般的舌头

众所周知，猫的毛摸着很舒服而且很干净，这是因为它们花了大量的时间用在梳理它们的皮毛上。猫的舌头上覆盖着很多微小的棘状突起（见右页图），被称为"乳头状突起"，每个约长 0.5 毫米。因一束束角质蛋白而变得粗糙的乳头状突起是面朝后伸进嘴里的。它们起着梳子的作用，能清理皮毛，在适当的情况下也能用来抓捕猎物。猫还能用舌头舀起水，而专门的乳头状突起还是很好的味觉感受器。

■ 同狗一样，家猫与人们和谐地生活在一起。但是，除极个别外，家猫的外表和习惯并没有发生巨大的变化。从基因上来说，家猫是野猫的亚种，它们仍能同它们野生的表亲杂交。

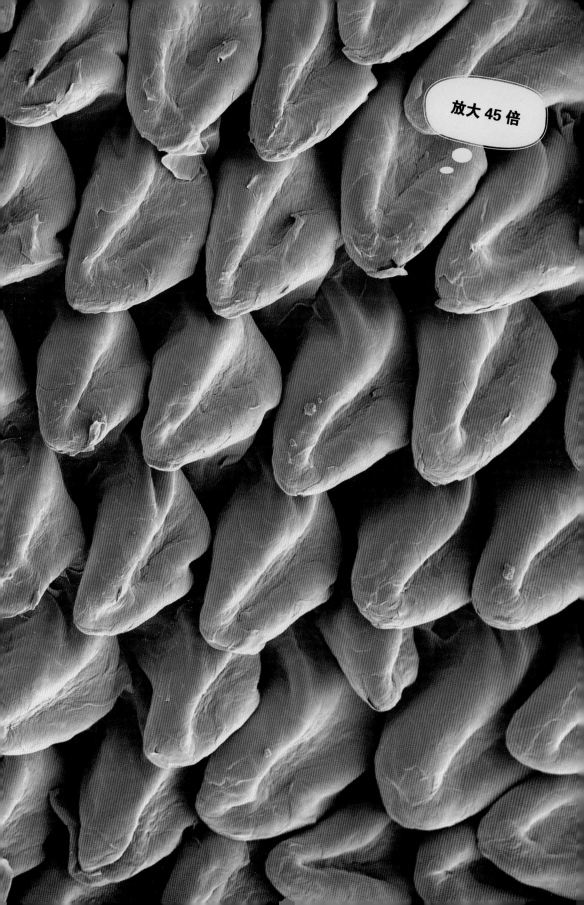

鸟

中空的骨头

右页是秃鹰翅膀的 X 光图片。这种鸟的骨头内部的大部分是空的，但被纵横交错的支柱和构架加固了。大部分内部的空隙都装满了空气，见右页图中的黄色，但有少数空隙包含了一些小气囊，这些气囊在呼吸时起着关键的作用。鸟的一些恐龙亲戚和飞龙也被证实有着相似的中空的骨头，而一些不会飞的鸟，包括企鹅和鸵鸟等，已经没有了这个特征。

■ 鸟是天空中的飞行员之一。它们飞行需要借助羽毛（羽毛首先是在它们的恐龙祖先身上进化出来的），还要依赖骨骼。骨骼结构上的演变包括延伸的臂膀形成了翅膀、大量融合或减少的骨头和深深的胸骨供飞行肌附着。这些合在一起使得鸟类例如秃鹰，有着不可思议的飞行技巧。

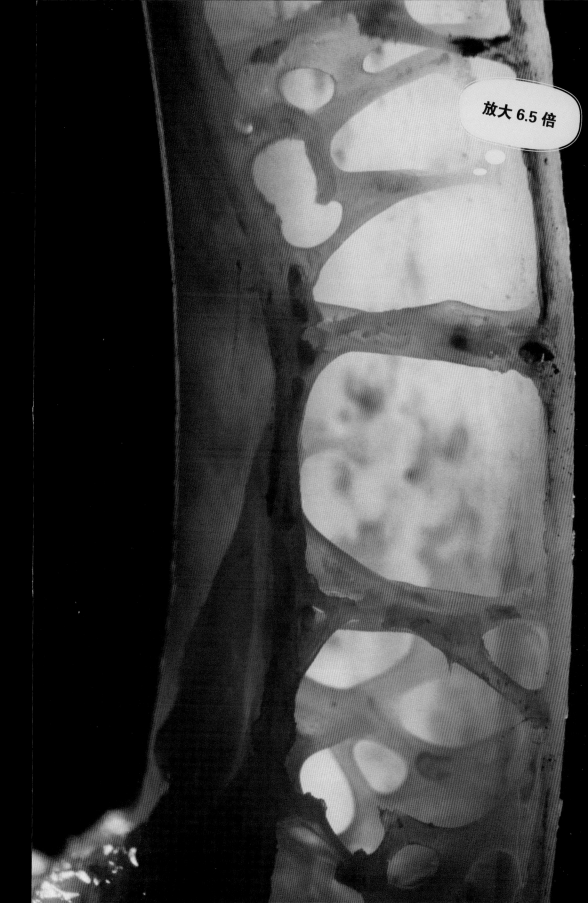

放大 6.5 倍

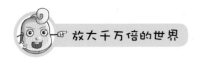

先进的眼睛

为什么我能看见东西?

　　视网膜由两种主要的感光细胞构成,分别是视杆细胞和视锥细胞。视杆细胞包含了一种色素,我们称之为"视紫红质"(见右页图),它们对低亮度的光很敏感,但对不同的颜色却不敏感。它们广泛地分散在视网膜的表面上。与之相比,视锥细胞分成了三种,对不同的光波很敏感。视杆细胞和视锥细胞共同协作来产生色视觉。

■ 　眼睛在不同种类的动物身上已经进化了好多次,从单细胞动物身上只有简单的感光功能的眼睛到在许多昆虫身上发现的复杂的复眼。然而,最成功的变种应该是脊椎动物(包括人类)和头足纲动物(如乌贼)身上发现的单透镜眼睛。光通过一个被称为"瞳孔"的小孔进入眼睛,穿过聚焦透镜和被称为"玻璃状液"的一种液体,然后在眼睛后部的视网膜的感光膜上形成图像。

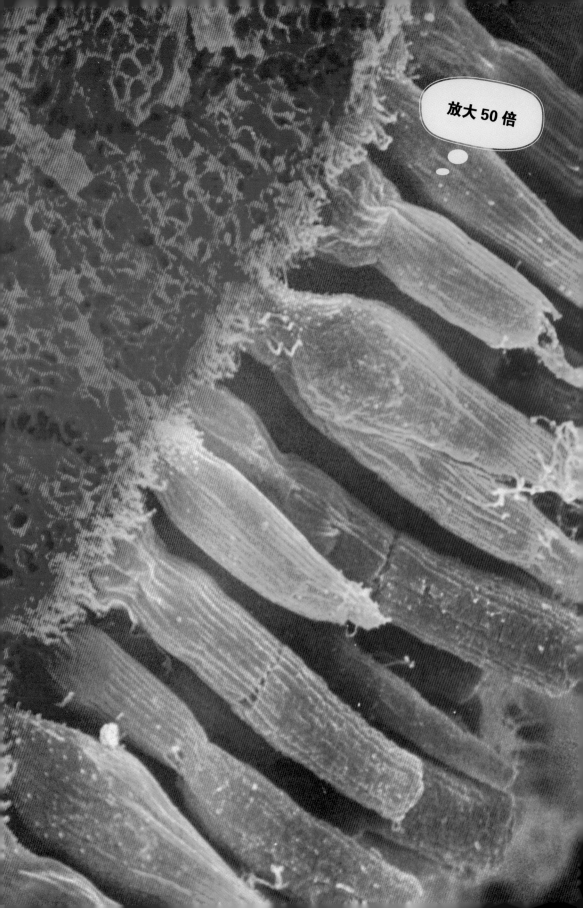

羽毛

放大 130 倍

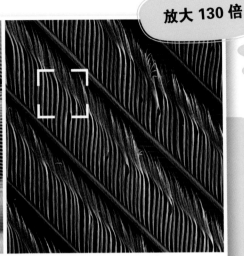

飞行加速器

　　飞羽是牢牢固定在骨骼后缘的羽毛。在振翅时整体挥动，拍击空气。单个的飞羽都有一个明显的主轴叫作"羽轴"，羽轴几乎贯穿了飞羽的中枢。从羽轴两侧分散开来的很多分支被称为"羽支"，每一根羽支两侧又相应地分支成无数更小的羽小支。在每一根羽小支的末端，有许多细钩（见右页图），与相邻的羽小支连接，形成了一个坚固的结构，既能维持其形状，又能迫使空气在翅膀周围流动，而不是穿透而过。羽毛和翅膀上下方的空气流动在鸟周围创造出了有着或高或低压力的区域，有助于促使鸟的身体上升和前进。

　　鸟类最大的区别性特征之一就是它们有羽毛。又轻、又结实的羽毛有着各种神奇的作用，包括隔热、装饰，当然，还有助于飞行。飞羽往往集中在翅膀和尾巴上，有着复杂的空气动力面，当鸟类扇动翅膀时能产生升力和推力。绒羽通常位于飞羽的下面，蓬松且形状不规则，却是极妙的隔热体，能将空气留在紧靠皮肤处。飞羽和绒羽都是从皮肤中的毛囊里长出来的。

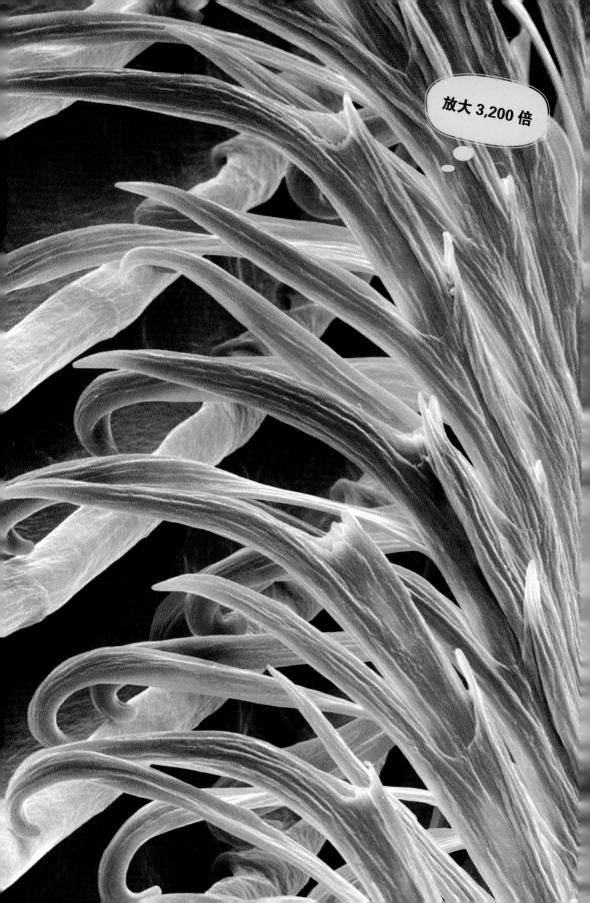

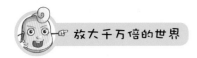

蜂鸟

倒退着飞行

　　蜂鸟的羽毛非常轻，使体重保持在绝对最小值。蜂鸟的羽毛包含了大量有着非常细微空间的羽支和羽小支，不仅减少了羽毛的重量，而且创造出了干涉图形，并有着彩虹般的颜色（见右页图）。这种鸟扇动翅膀的频率通常在每秒 12 次到惊人的 90 次之间，能在花朵前方悬停，并且是唯一可以倒退着飞行的鸟。蜂鸟的消耗量巨大，往往每天必须采食超过它们自身体重数倍的甜甜的花蜜。

　　在最小和最漂亮的鸟当中，来自北美和南美的蜂鸟是引人注目的飞行员。蜂鸟吸食花蜜，它们与某种花一起进化，并长出了长长的、尖尖的、有时还有着华丽装饰的喙，以便能伸进花朵里找寻食物。当然，除了花蜜以外，它们也采花粉。它们将花粉从一朵花运送到另一朵花上，帮助植物授粉。

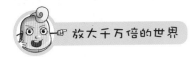

椋鸟群

旋转着飞行

一直以来，研究鸟类的生物学家对椋鸟如何调整它们复杂的旋转飞行动作很困惑，但是他们现在明白了，这种几乎是超自然组织的模式实际上是无数单只的鸟的快速动作相结合的结果，每一只鸟都能够在不到 0.1 秒的时间内对邻近的鸟的动作做出反应（见右页图）。椋鸟好像是遵循着一些相对简单的规则，这有助于它们跟邻近的鸟之间保持一个最适宜的距离。

■ 当成千上万只鸟群聚在一起时，它们能编成壮观的队伍飞行，甚至让云朵看起来闪闪发亮。在欧洲和其他许多地方，最壮观的鸟群是由一种原本不大引人注意的中等大小的鸟创造的，即椋鸟。椋鸟群，又叫"绚丽的鸟群"。它们通常是在秋天的傍晚聚集在它们最喜欢的夜栖地上空，这时鸟儿们刚从周围地区觅食回来。这种聚集就好像是它们特有的一种社会活动，鸟儿们通过活动向彼此问候，并一起为它们的夜间栖息做准备。

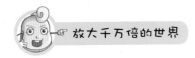

企鹅

扣人心弦的舌头

　　企鹅以各种各样的海洋生物为食，包括磷虾、小鱼和乌贼。它们的羽毛很短，这可以减少摩擦，以应对湍急的河流，是水下的卓越猎人。羽毛间存留一层空气，用以隔热。企鹅的舌头是对其生活方式的另一种独一无二的适应——舌尖上有着坚硬的倒钩（见右页图），确保猎物一旦被抓获后就再也没有逃脱的机会。

　　■ 企鹅放弃了飞行，取而代之的是在水中捕鱼的生活。它们主要生活在南半球，作为寒冷的南极洲的生物为人们所熟悉。大体上来说，企鹅一半时间生活在陆地上，一半时间生活在水中，自恐龙时代以来就已经以不同形态存在了。

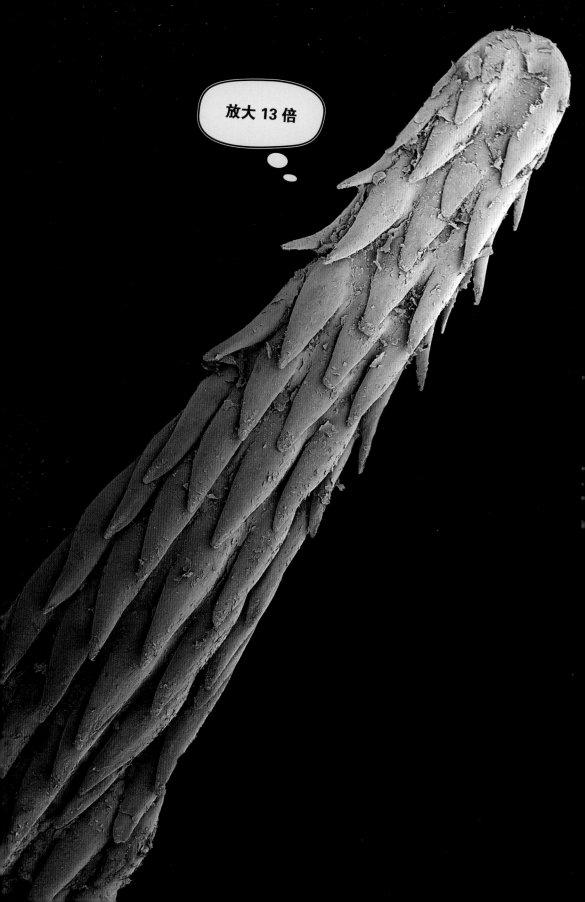

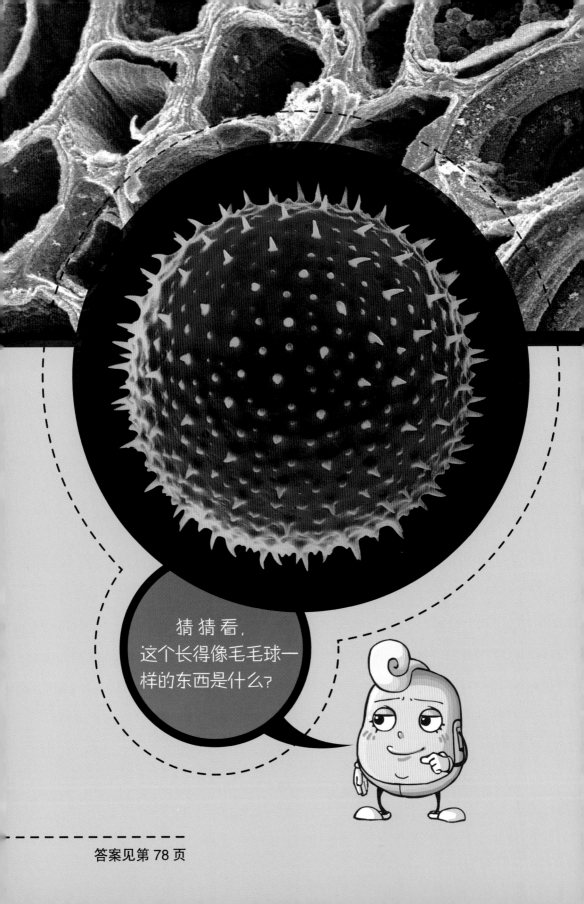

猜猜看，这个长得像毛毛球一样的东西是什么？

答案见第 78 页

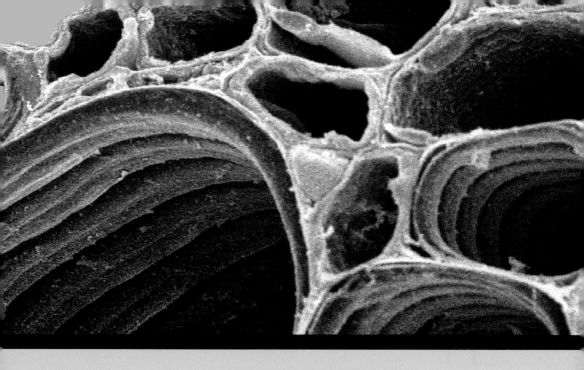

多样性的
高等植物

植物几乎是无所不在的生物，除了极端恶劣严酷的环境，在地球的陆地和浅水环境中都能发现它们的踪影。作为能够通过光合作用产生能量和有机物的多细胞生命的唯一形式，植物组成了食物链的基础，成为其他所有生物（包括真菌）最终依赖的食物。

自养的生活方式

传统的观点认为，植物与动物最显而易见的区别是：植物无法移动。然而，从生物学的角度来看，植物最显著的特征是能从自身内部产生生存所需要的有机物，而不需要消耗其他的生物体。使用来自太阳光的能量去将它们周围环境中的二氧化碳和水转化为有机物，并释放出氧气，这个过程叫作光合作用。因此，植物是"自养生物"，同"异养生物"的动物和真菌相区别。

植物是否有共同的祖先？

植物之所以能够自养，最重要的因素是体内含有被称为"叶绿素"的化学色素。叶绿素在被称之为"叶绿体"的多细胞小单元中被制造出来，对光合作用起着至关紧要的作用。在陆地植物中，叶绿素一般包含在绿叶以及其他暴露在阳光中的柔软组织里。有遗传证据表明，不同种类的植物能够单独地获得最初的制造叶绿素的"叶绿体"。这意味着它们不是必然拥有一个唯一的共同祖先，而可能是没有唯一进化联系的"并系群"。尽管这有点让人困惑，但科学家们仍然认同，关系亲密的陆生植物们拥有唯一的共同祖先，因此它们被归类到有胚植物门中。

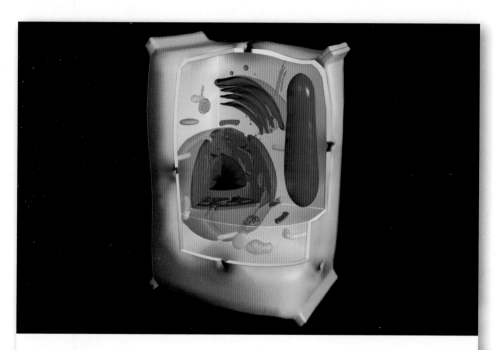

植物细胞

　　尽管植物细胞同其他多细胞生物的真核细胞很相似，它们仍有自己的特性。例如，因纤维素或其他结构坚固的化合物的存在而强韧的细胞壁，以及一个大的装满水的"液泡"（图中用蓝色表示）。液泡能调节细胞内部的压力并负责处理细胞内外物质的运输和储存。其他特殊结构还包括功能各不相同的"质体"——最显著的是包含了叶绿素的"叶绿体"和在光合作用中发挥作用的其他器官。

植物的典型特征

当植物在体积上变得越来越大，并播散到更严酷的环境中生存时，它们产生了许多共有的特征。例如，植物的细胞壁里叫作"纤维素"的坚韧复合物，帮助植物克服地球引力的拉力并能朝着阳光的方向生长；维管系统可以在植物的不同部分之间运输水和养分；以及能够提供一大块表面的叶子，以便让阳光充分落到叶面上进行光合作用。但在一些植物中，例如仙人掌和凤梨科植物，叶子被改造得几乎认不出来了，光合作用的中心已经从树叶上被转移到了这些植物的主要枝干上。

在陆地上的进化

如今，陆地植物显示了很多种类型和不同的生活方式，从低矮的苔藓到茁壮的蕨类植物，从娇嫩的玫瑰花到巨大的红杉。大多数的原始植物通过孢子（种子）来繁殖。孢子是独立的生物体，通常是单细胞的，能长时间在严

酷的环境下生存。之后陆地植物进化出多细胞的"配子体",配子体能产生有性繁殖所需要的生殖细胞。更高等的植物通过种子繁殖,种子本身携带了大量的营养储备,以供以胚芽形式存在的新的受精植物生长。这种繁殖策略最先是由"裸子植物"(包括针叶树、苏铁和银杏)开始的,在大约3.1亿年前的石炭纪晚期进化成的。这个时候,地球的热带区域主要由广阔的、茂密的沼泽森林占据着,它们石化后的残渣变成了如今的煤层。

丰富的多样化发展

通过散播种子的繁殖策略在被子植物(或称有花植物)中达到了顶点。在大约2亿年前的三叠纪晚期进化形成的这类植物极其成功,并在大约1亿年后的白垩纪中期得到了丰富的多样化发展。从野花、参天大树到小草,被子植物在外形和生活方式上存在着很大差别。通过比较花朵和包裹在果实里的种子的细微差别,现存的被子植物被区分出至少25万个种类,比其他所有现存的植物种类加在一起还要多6倍。

苔藓

放大 13 倍

不同寻常的生活方式

苔藓有许多独特之处。从遗传学角度来讲，它们是"单倍体"——相当于动物的精子和卵，或者是更高级植物的花粉和胚珠，但在这些细胞中仅包含了一半该植物的遗传信息。苔藓中原丝体的扁平表面会延伸，并将自己固着在任何适合的表面，产生的幼芽叫作"配子托"，有着微小的茎和叶子。雌雄性器官都生长在配子托的一端，通过风和水的活动将精子传播，成年后的种子会被释放出去拓展新的区域。

■ 苔藓、叶苔和金鱼藻都属于苔藓植物，即简单的陆生植物。它们没有在体内运输水和养分的血管系统，因此长到一定的大小就不会再长了。从 4.7 亿年前第一批这种植物出现在潮湿的沼泽地和湿地上开始，它们的样子好像一直没变。因为苔藓没有蜡的保护层或角质层，所以很容易变干。因此，只有在潮湿和缺少阳光的地方才能发现它们。

放大 490 倍

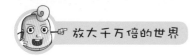

蕨类植物

恶劣环境中的斗士

蕨类植物通过孢子来繁衍后代，它们是可以独立生存的单细胞生物体，几乎没有储存食物和能量，但却能在恶劣的环境中存活很长时间。完全长成的蕨类植物会释放出孢子，在适宜的条件下，这些孢子通过光合作用生长到配子体阶段，然后产出卵和移动的精子。这些精子在潮湿的土壤中移动，去使这些卵受精，然后这些卵就能长成新的成年蕨类植物了。

■ 蕨类植物是最简单的维管植物。这些植物有木质部和韧皮部细胞的内部系统，使得水和养分能传递到植物体内，因而它们能长得比苔藓和叶苔更大。它们约在3.6亿年前的石炭纪时期首次出现，曾是数百万年来地球上植物生命的主导形式，能长得像大树一般大。

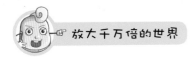

纤维素

放大 400 倍

长短不一

如右页图所示，纤维素是在植物细胞的初生细胞壁中发现的，是一种多糖，即一种碳水化合物或糖（仅包含了碳、氧和氢的分子），极易同其他物质在一起形成高分子链，这个高分子链包含了一切，从几百到上万个单独的糖单元。木质纤维素一般都有着非常短的链，而棉花和其他纤维植物的链比较长。纤维素的用途很广，既可用来造纸，又可用作衣服纤维。

为了能在陆地上生存，大多数植物都需要用坚韧的茎来支撑它们自身的体重，并能让它们笔直生长。它们会将自己暴露在阳光和空气中，以更好地进行生存所需的光合作用。它们主要是从纤维素中获得结构强度的，纤维素构成了所有植物中大约三分之一的物质，在大树中占到了90%。另一种聚合物——木质素，在形成和强韧植物细胞壁中也起到了重要的作用。

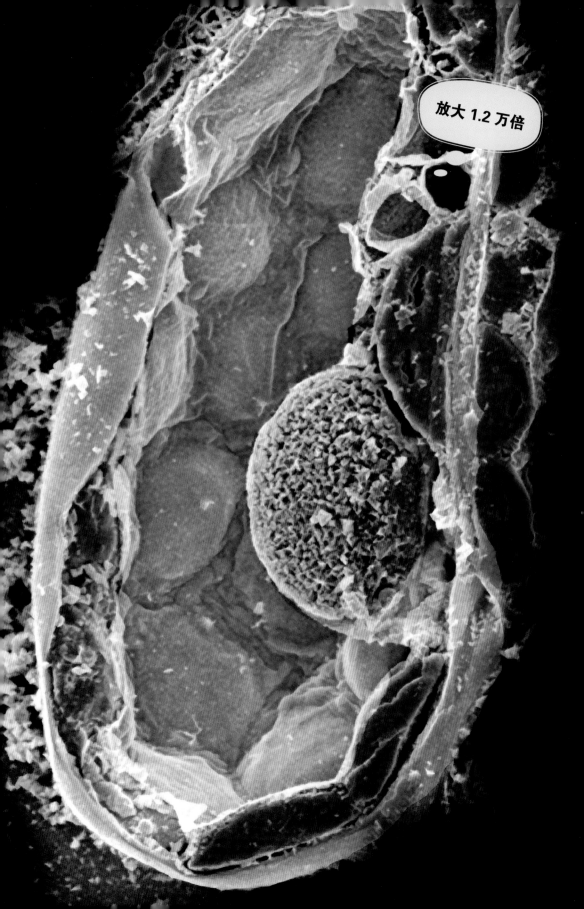
放大 1.2 万倍

植物茎干

放大 50 倍

养分哪里来?

维管组织是由两种不同类型的细胞来控制的,这两种细胞分别是木质部和韧皮部。木本的木质部组织参与了将水和养分从根部向上运输的过程。它们由中空的细胞组成(见右页图),这些中空的细胞中有树液流过,通过压力差在植物的根部和叶子之间从下往上移动。同时,韧皮部组织将光合作用产生的有机物从叶子运输到植物全身,利用专门的细胞像泵那样将养分推向整个植物。

■ 植物的茎要支撑起植物的整个身子,而且还要作为植物主要的运输通道,来将水和养分从根部运输到叶子,这样它们可以用叶子来进行光合作用。从简单的幼枝到粗粗的树干,茎在大小和复杂度上有着很大的不同。茎由完全不同类型的组织组成——外在的真皮,能保护树干并与外界环境交换气体,以及通过茎来运输物质的维管组织。维管组织在茎中的位置根据不同类型的植物而大有不同。

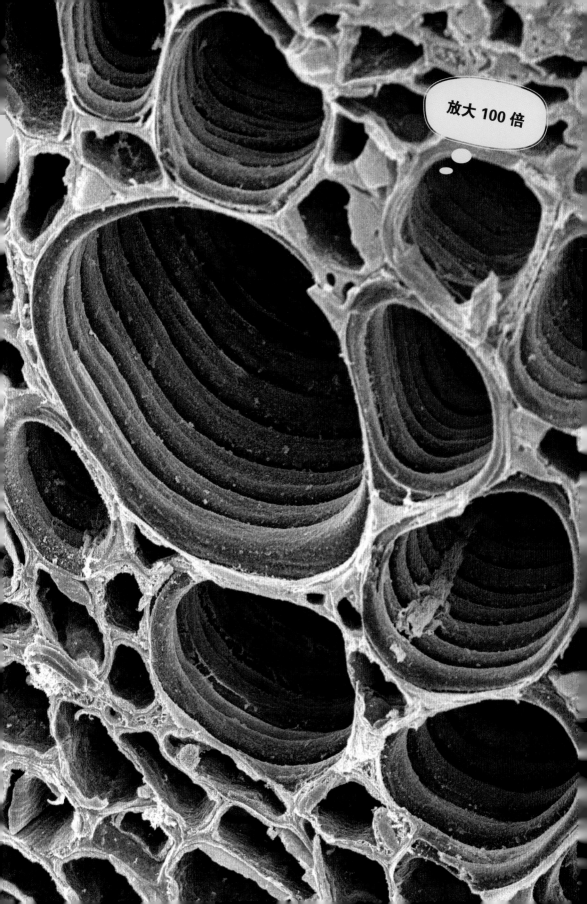

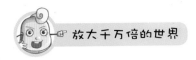
树根

 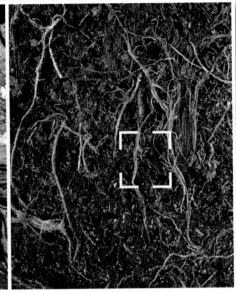

满地撒网

　　为了能用最有效的方式来收集水和养分，根在地面下会从胚根的主根上开始一再地分支。最好的根部有着纤维状的外表，覆盖着细细的像头发一样的东西（见右页图），可以使其能大面积吸收水和养分。通常根部会同真菌结成联盟，创造出菌根，双方互相受益，形成共生关系，与下图中的地衣相似。在菌根中，真菌帮助树根收集水和养分，又被植物本身光合作用的成果而滋养着。

■　在大多数植物中，根部就是有着许多卷须的网，这些卷须深入到土壤表层下面，将植物固定住，以免被风或其他外力摧残。它们也能从外界环境中收集水，有时还能储存水和养分以供养植物的其他部分。不过，有些植物的根部非同寻常，包括可以在地面上看到的呼吸根，例如生活在沼泽里的红树林，以及在常春藤和许多丛林植物中发现的自由悬挂的气生根。

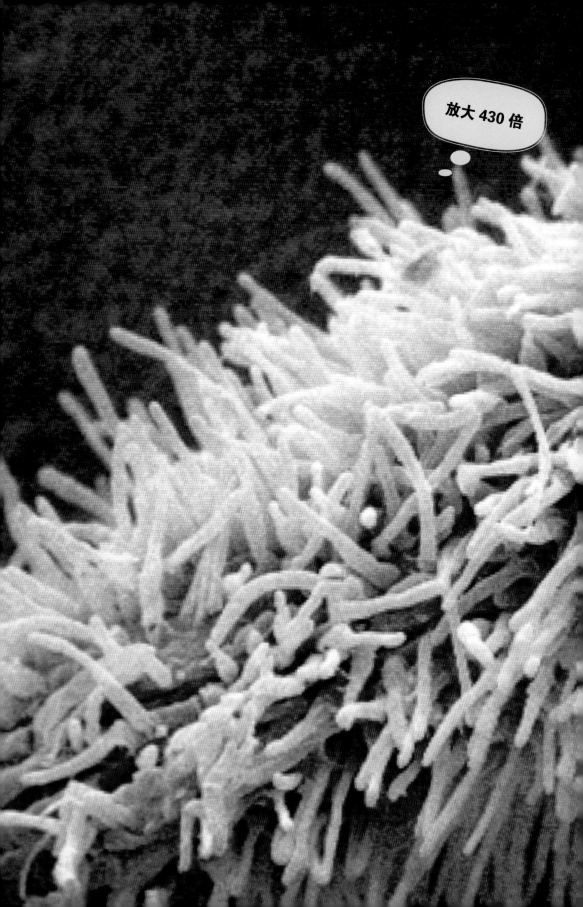

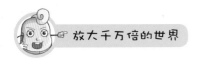
树叶

放大 10 倍

放大 560 倍

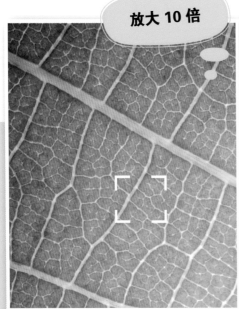

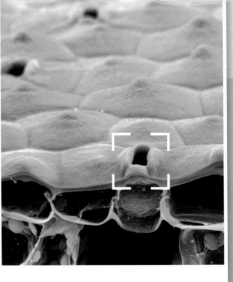

植物怎样呼吸？

叶子的外表皮一般都覆盖着一层蜡状的防水保护层，我们称之为"角质层"。然而，为了进行光合作用，植物仍需要从内部的叶肉细胞中吸收和释放气体，例如二氧化碳、氧气和水蒸汽。植物能这样做是因为它们表皮上有微小的孔（见右页图），这些微小的孔叫作"气孔"。每一个气孔都可以被一对周围的保卫细胞打开和关闭。这可以在必要时控制气体交换、保存或释放气体和水蒸汽。

■ 尽管根和茎从下面的土壤中收集和传送养分，但对于大部分植物来说，它们离不开叶子进行光合作用，光合作用能产生植物生长所需要的化合物。虽然针叶树的针和鳞片，以及小草叶片状的身体也是叶子，但大部分植物的叶子是又宽又扁的。光通过叶子外部的表皮细胞进入到内部的叶肉层，并和它们所包含的叶绿素相互作用。

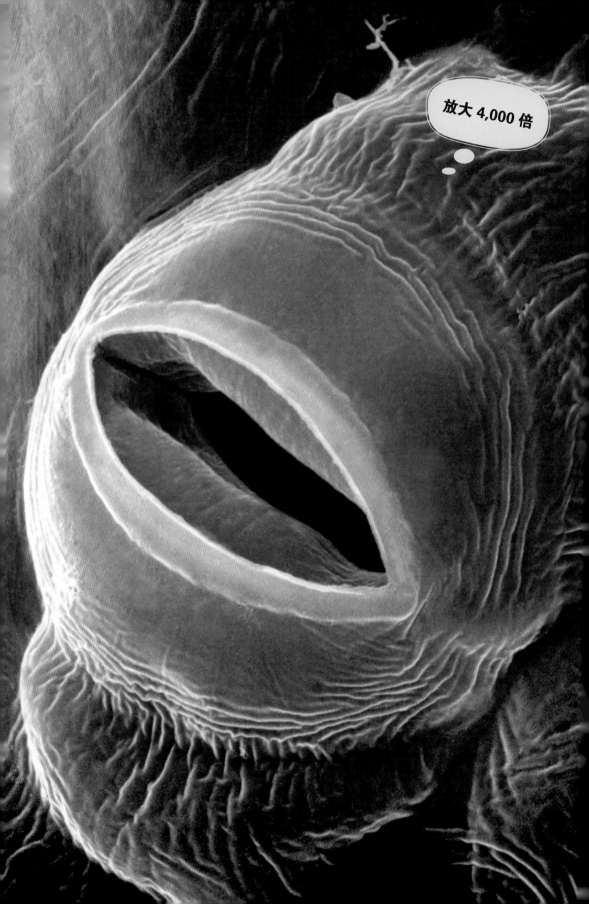

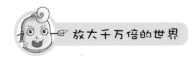

树木的年轮

年轮上的历史

被称为树木年代学的考古技术可以利用树木年轮来研究几个世纪前，甚至是上万年以前的生物残骸，并探测过去不为人知的气候。树木生长依赖于天气状况，树木年轮的厚度每年也都在变化着。在树木的一生中，它们形成了一个独一无二的像条形码一样的序列（见右页图）。将某一块树木的序列同特定区域中以前校准过的一套测量数据（通过研究大部分相同的树的年轮而建立的）比较，该木头样本的年龄可以非常精准地得以确定。

■ 由于多数树木体型巨大、重量持续增加，它们必须在整个生命历程中让茎一直生长，形成了覆盖着保护性树皮的结实的树干。树干是从里往外一层层长粗的，叫作"维管形成层"。维管形成层只是在树皮内部环绕着树木，并且在适宜的生存环境下，要经历停滞和生长的季节性周期。这种季节性生长的模式在树干上创造出了一系列同心环，树木被砍倒后能看到这些同心环（见上图）。

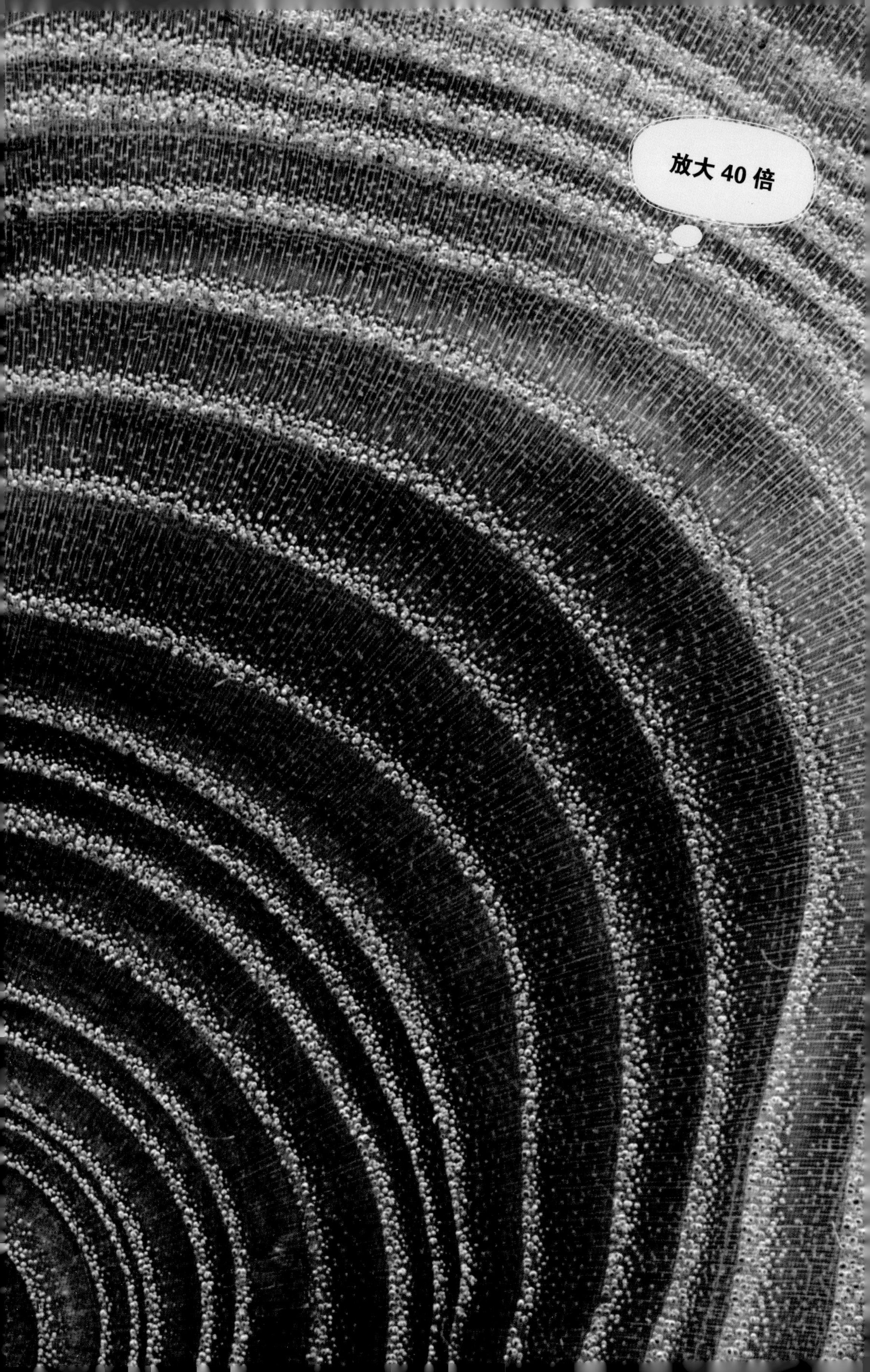
放大 40 倍

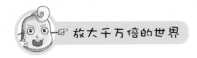
树皮

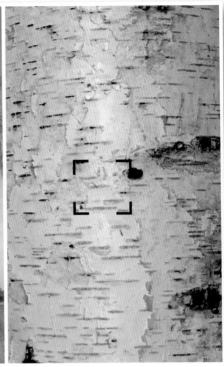

大树的外衣

　　树干最外面的一层称为"落皮层"，就相当于人的皮肤。而进行次生生长的树木皮层分化为木栓形成层，但不久即作为树皮掉落在地上。树皮具有很好的防水性，是对人类非常有用的自然产品。

　　在植物学术语中，树皮是所有维管植物的茎和根的外部保护层，位于维管形成层（植物的主要运输系统，有木质部和韧皮部细胞）的外部。一般情况下，树皮分为两层——活着的内部树皮和死去的外部树皮，有时会被称作"木栓层"。木栓层是在单层细胞中产生的，具有防水性和密封性，能抵制穴居昆虫和传染性微生物的入侵。

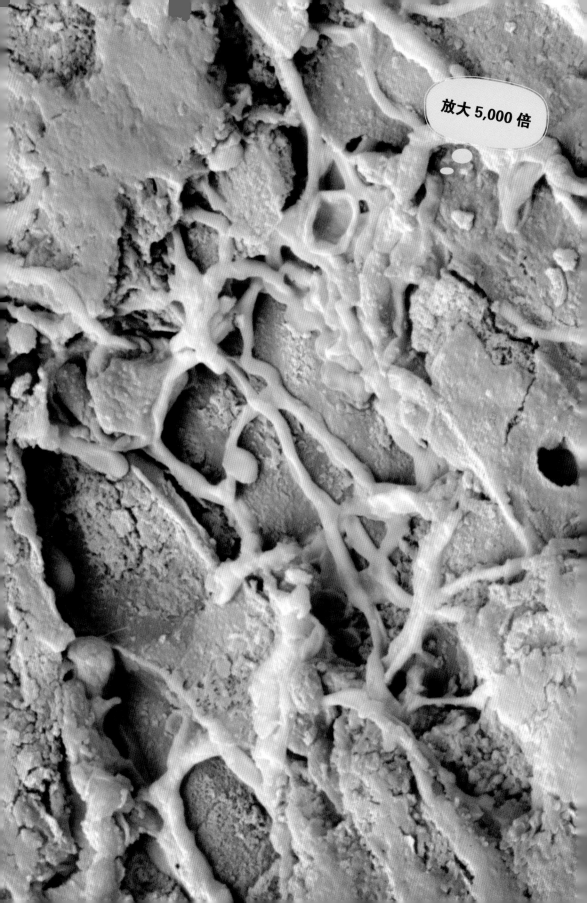

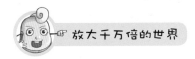

针叶树

密密麻麻的针

　　细长的、似针一样的叶子是大多数针叶树明显的特征之一。常青树的针叶生命力顽强，能存活好多年。细长的针叶能很好地应对养分贫乏的生存环境，而硕大的叶子需要更多的养分，树木在这种情况下是无法提供的。这些落叶阔叶林常在水和养分供给不足的季节选择将叶子落下，并在来年长出新的叶子。尽管针叶树的叶子形状非同一般，但是这些针叶具备树叶所有的典型特征，例如气孔和光合作用细胞（见右页图）。

　　针叶树、苏铁和银杏都是裸子植物的代表。裸子植物属于高等植物，在开花植物出现以前统治着整个世界。"裸子植物"意为"赤裸的种子"，因为它们与开花植物不同的是，它们的胚珠是暴露在外面的，而不是被包裹在子房里。举例来说，针叶树的胚珠位于木质的球果中，而雄性的、生产花粉的结构则组成了草本的球果，由更柔软、更绿，但少了一些坚固的组织构成。一旦胚珠受精，球果就会从树上掉下并分裂成单独的种子。

放大 1,030 倍

花

我注意到你了！

　　开花植物开的花常有着颜色鲜亮的花瓣。上图中的这朵兰花，它那鲜亮的颜色和甜甜的花蜜都是用来吸引昆虫传粉的。蜜蜂或蜂鸟等在采蜜时将花粉从一株植物带到另一株上。右页是花瓣在显微镜下的高倍放大图，显示出令人惊奇的细节。值得一提的是，为了确保它们的花粉能到达相同种类的其他花朵上，一些植物同它们的传粉昆虫之间形成了特殊的关系。

■　很早以前，植物就出现了，相比之下，花的出现较晚。最初是通过花粉化石知道的，而植物化石比花粉化石早了 500 万年。从学术上来分，它们属于被子植物，这种植物分类方法的主要依据是它们各自长出的花，同时也可通过其他的特征来区分，包括演变的雄蕊、更轻的花粉，以及包含着雌性性细胞（胚珠）的封闭的心皮。一旦胚珠受精，它们就有可能长成果实。

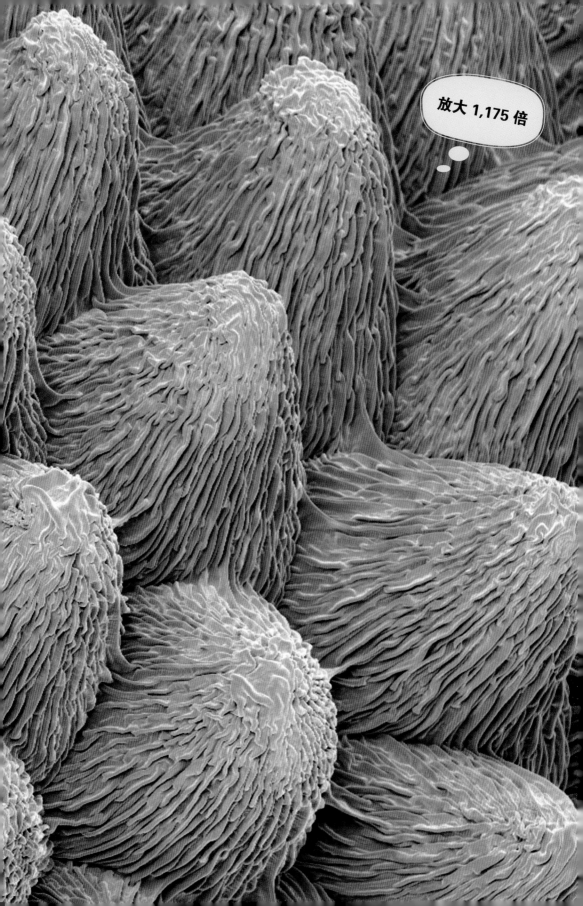

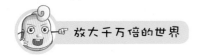

花序

错综复杂的头部

右页图显示的是飞蓬的头部，这是雏菊家庭中的一员，有着复杂的结构。花朵排列在一个盘状表面上，我们称之为"头状花序"。周围是飞蓬的叶子，被称为"苞片"。这些苞片与花瓣长得很像，还经常扮演着类似的角色，包括吸引传粉昆虫并保护花朵本身。苞片通常是头状花序旁边最明显的部分，在主要的花序中它们可以被减少到极小的比例，甚至能完全消失不见。

■ 虽然许多开花植物能长出大大的花朵，但也有一些长出一束束或者一簇簇更小的花朵，被称为"花序"，通常形成复杂精美的图案。这些花极其普通，我们根据它们单个的花朵在花梗的茎上排列的方式而分类，包括柔荑花序、蓟和有穗的花，甚至有一些明显是单个的花，例如马蹄莲、向日葵和雏菊，但实际上它们也是花序。

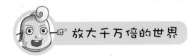

大王花

花中的庞然大物

　　大王花是一种肉质寄生草本植物。大王花巨大的五瓣花朵和令人作呕的恶臭是用来吸引它们主要的传粉昆虫的——丛林苍蝇和其他昆虫。大多数种类的雌花和雄花是分开的，但也有少部分是雌雄同花体的。阿诺尔特大花是所有植物种类中最大的单个花朵。同样来自丛林的另一种花，即泰坦魔芋，学名"巨型海芋"，体型巨大，有3米高，但实际上是多花的花序。

　　■　大王花最为人所知的特点可能是它们体型巨大，单个的花就能宽达1米，体重能达10千克。除此之外，它们那讨厌的、与坏肉相似的气味，也让它们为人所知。这些花生长在东南亚的丛林中，它们有着各种当地的名字，包括"尸花"或"肉花"。不过，大王花有着不同寻常的生活方式——它们的外部没有根，是一种寄生植物，将根系网延伸到葡萄科崖爬藤属的藤的内部组织中。

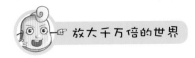
花状构造

放大 2 倍

放大 27 倍

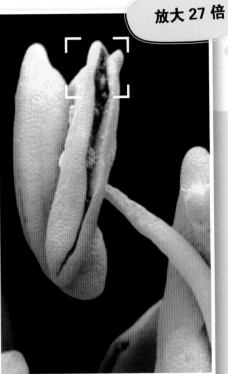

生命的延续

花粉粒是植物的娇嫩的精子细胞的传送机制。坚硬的外壳和覆盖着蜡状的物质保护着里面的细胞不受辐射或变干。当花粉落在与之相匹配的雌蕊上时，它们就会发芽，产生一个花粉管，然后将精子细胞转移给子房。

■ 一般来说，花都是雌雄同体的，既有雄性器官，又有雌性器官。子房是被子植物生长种子的器官，位于花朵中心的雌蕊的下面，一般略微膨大。在这四周通常有几个雄性器官，我们称之为"雄蕊"。每一个雄蕊都包含着一个产生花粉的花粉囊。雌蕊的顶端适合接收相同种类的花粉。

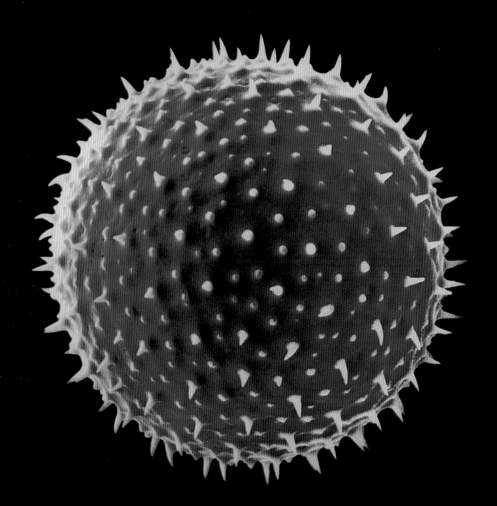

风吹的种子

放大 1 倍

蒲公英的"降落伞"

　　一旦蒲公英开花的过程结束，花瓣和雄蕊就会脱落，苞片向后折叠。蒲公英的种子附着在像羽毛一样的"降落伞"上，我们称之为"冠毛"。一阵清风吹来，种子离开了蒲公英，冠毛很快就像空中自由飘浮的一丛绒毛。蒲公英的种子能在安家落户之前飘浮很长一段距离，它们几乎能植根于任何一种土壤，并快速生长。

　　一旦植物的胚珠已受精，它们必须要以某种方式得以传播，希望能落在肥沃的土壤上，并顺利生长。植物使用了各种各样的办法来达到这个目的，但其中最普遍的一种就是靠风力传播，这在分布广泛的植物（比如蒲公英）中很常见。蒲公英是来自菊科家族的植物，它们的头部实际上是一个花序，包含了许多单独的小花（见右页图）。

黏粘性植物种子

放大 2 倍

自然的启发

右页是一种苍耳属植物——牛蒡（蒲公英的亲戚，发现于美洲和东亚）的高倍放大图，显示了其表面的微小的钩子。1951 年，瑞士发明家乔治·德·梅斯特拉尔（1907~1990 年）在一次出门打猎时，注意到牛蒡的种子粘在了他的衣服和狗的皮毛上。用显微镜观察发现了这些钩子的细节，并给了梅斯特拉尔灵感，他想到用这种相似的构造来做衣服的粘扣带（又叫"魔术贴"）。

■ 许多植物利用动物来将它们的种子运送到土壤中。它们能够做到这点主要有两种方式：一是内部方式；二是外部方式，主要是指种子紧紧抓住动物的皮毛或羽毛。许多植物进化出了有黏粘性的种子外壳，要么渗出黏黏的液体到它们的果实表面，要么长出覆盖着大量钩子或牙齿的表面——这种类型的种子被称为"刺果"。

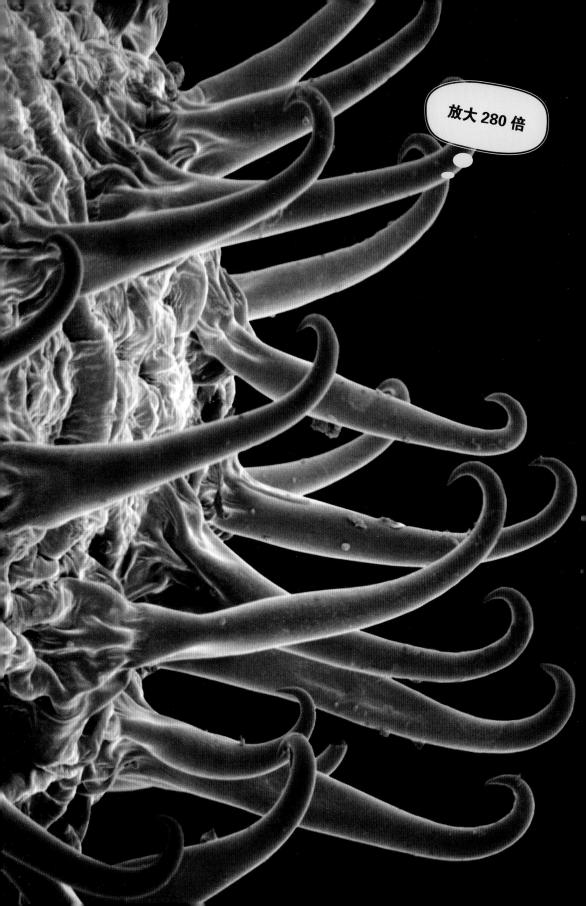

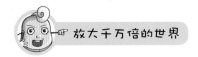
果实

放大2倍

诱人的表面

　　右页是草莓的高倍放大图，显示出有微小的物质嵌在它的表面。从植物学术语上来讲，草莓根本就不是浆果，而是一种聚合果。浆果是从一个单一子房中生长出来的简单的肉质果实，而聚合果则是从一朵花的多个子房中生长出来的。草莓也可以叫"附果"或"假果"，因为很多可食用部分并不是从子房中生长出来的。

　　除了利用种子黏附在动物的外衣上以外，许多植物还选择了另一种传播种子的方法，那就是进化出诱人的使动物无法抗拒的果实，并将种子包裹在里面，保证种子能完好无缺地通过动物的消化系统，最后排放出来。我们常见到的果实是肉质的，但从科学上来讲，许多蔬菜、坚果、针叶树球果等也是果实。

放大 100 倍

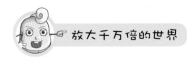

谷类植物

幸运的种子

右页图展现了一粒麦子的内部结构，显示出麦子内部大部分都塞满了淀粉。这种淀粉是一种碳水化合物分子，可以食用。富含蛋白质的细胞用绿色显示，而内核在这张图片中没有显示。如果种子能顺利地在土地中发芽的话，内核会长成一株新的植物。

■ 草首次进化大约是在7,000万年前的白垩纪时期，至今已经进化成地球上分布最广、最成功的一种植物。被我们称作"草"的植物的绝大部分属于禾本科家族，包含了约1万个品种。这些草中只有少数被人们作为食物来源而大规模种植。大麦、稻米和小麦等的果实，富含有营养的碳水化合物、脂肪、维生素、矿物质和蛋白质，可以食用，有着很高的价值。

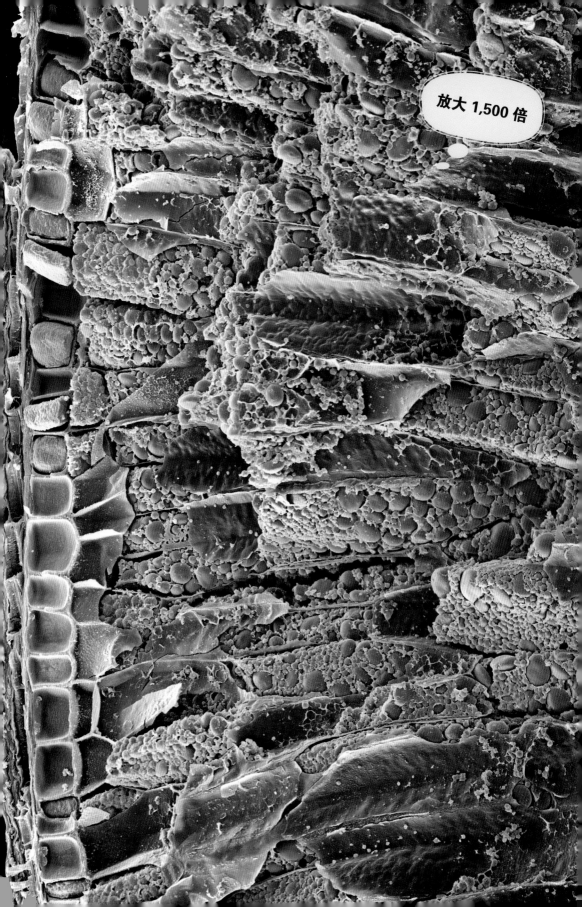

放大 1,500 倍

竹子

美味的竹笋

在亚洲，新长出来的嫩嫩的竹笋常用来烹饪，但等到竹子完全长大后就不能吃了。然而，有一些动物，例如中国的大熊猫，能够以坚硬的竹子为食。不过，竹竿的木质性质，如右页扫描电子显微镜图片所显示的那样，使得长大后的竹子特别强健。竹子的韧性和灵活性使得它们成为理想的建筑材料。

竹子是草本植物，种类繁多，我们能在世界各地的热带地区发现不同品种的竹子，其中最大的是巨型竹，发现于东南亚。这些像树一样大的草以惊人的速度生长着，一天之内就能长1米，有些品种能存活一个世纪甚至更久。大部分竹子都不会开花，仅在间隔几十年或更久的时候开花。不过一旦它们开花，景象将非常壮观，因为通常是当地全部的竹子同时开花。

是草还是树？

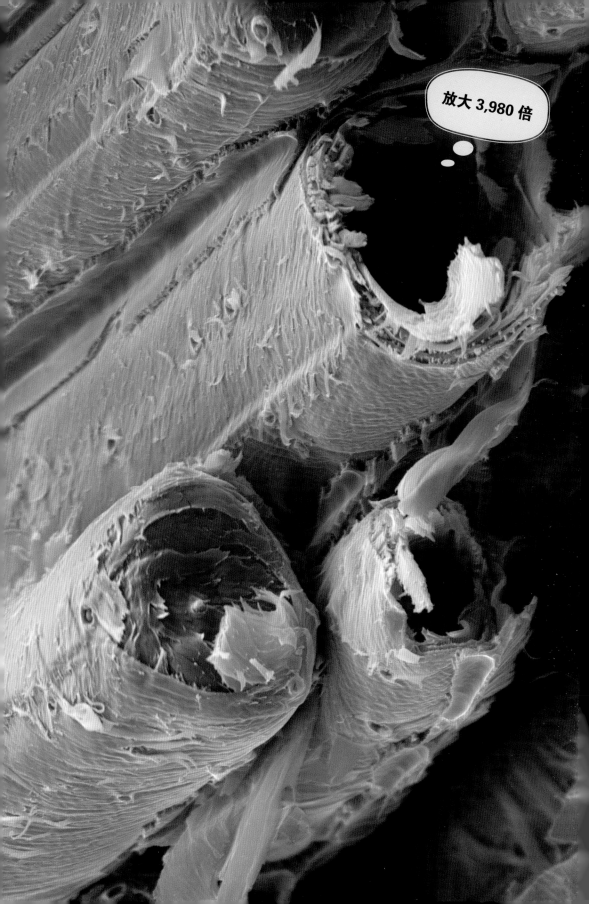

向性运动

弯弯曲曲

  向触性是一种因接触刺激而引起的向性生长运动。像所有形式的向性运动一样，植物对碰触的敏感性源于植物生长素的化学物质，即荷尔蒙或化学信使，它们从一个细胞转移到另一个细胞，并携带着每一个细胞应该如何生长的"指令"。在向触性的过程中，遇到物体的细胞释放出植物生长素，这会使附近的细胞拉长它们的形状，使得卷须整体朝内弯卷（见右页图），与碰到的物体保持近距离接触，直到它们找到机会来完全缠绕着该物体。

  随着时间的推移，植物通常能引导它们自身的生长方向。植物体受到单一方向的外界刺激而引起的定向运动，称为"向性运动"。然而，给人印象最深的向性运动或许就是"向触性"，这种对碰触的敏感性在葡萄藤和其他攀缘植物上表现得最为明显，它们将卷须朝不同的方向伸展，途中不放过任何它们遇到的可以缠绕的东西。

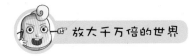
植物油

香水原料

　　快乐鼠尾草以能产出鼠尾草油而闻名，并有着悠久的药用历史，可追溯到公元前4世纪。这种草本植物的叶子上覆盖着许多微小的毛，叫作"毛状体"，见右页图的淡紫色部分。毛状体的顶端有一个分泌头，能将该植物内部产生的油一滴滴地渗出。人们用这种油来制作香水和调味剂，而食草动物却很讨厌这种油的气味。

■　植物能产生出各种各样含油脂的分泌物，通常被称为"植物油"和"精油"。植物油有着广泛的应用，包括烹饪，制造肥皂、化妆品和油漆，以及涂在木头上防腐蚀。近期，人们又发现了它们在电子工业上的用处。与此同时，精油作为食品添加剂被广泛使用，同时也广泛用于传统的"民间"医药和卫生保健。

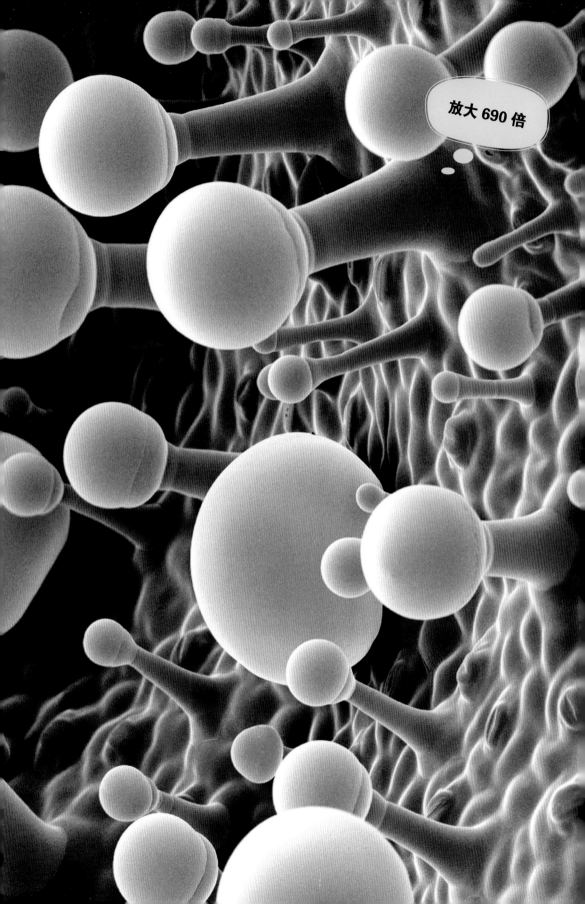

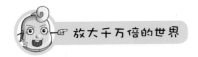

仙人掌

浑身是刺的植物

　　仙人掌特有的刺实际上是高度演变而来的叶子，这些尖尖的刺让食草动物都不敢靠近它们，但不利于进行光合作用。仙人掌是在富含叶绿素的主干的外层进行大部分的代谢过程的。拥挤不堪的刺有助于为主干遮蔽最严酷的阳光，而厚厚的外部皮肤能防止水分流失。

　　■　仙人掌叶子肥厚，又会开花，是最引人注意的植物之一。上百万年来，它们生活在地球上最干燥、最炎热、最恶劣的环境中。为了适应严酷的生存环境，保存珍贵的水分，它们进化出了独具特色的针状叶子，可尽可能地减少水分的消耗，又不至于将表面赤裸地暴露在干旱的沙漠中。

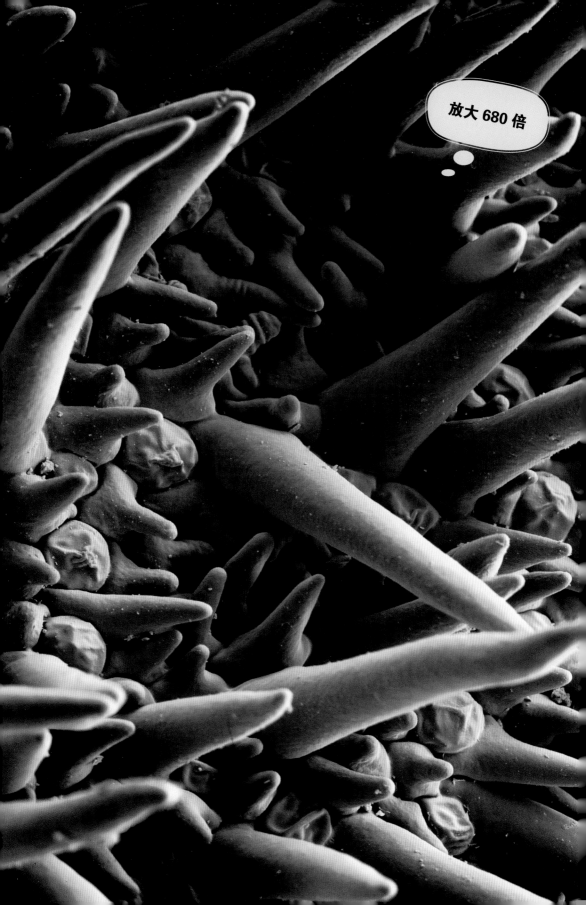

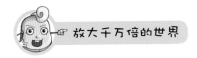
寄生藤

神奇的毛状体

    凤梨科植物不仅包括地表的有根植物（如菠萝树），还包括一系列附生植物物种。毛状体对附生植物作用很大，许多物种利用毛状体来收集水。毛状体的形状有很多种，包括鳞片、毛等。右页图显示了鳞片状毛状体，这是一种分布广泛的附生植物，从美国南部到阿根廷都有发现。这些鳞片状毛状体不仅可以收集水，还能防止植物变干。

■ 尽管大部分植物将自己植根于土壤，但仍有许多植物并非如此。有些植物是寄生的，它们生长在其他植物上，从宿主的身上吸收养分。但许多其他植物，如前面讲过的附生植物，只是利用其他植物来做支撑，并不会对宿主造成不良影响。附生植物往往从空气、雨水和堆积在它们周围的残骸中获得水分和养分。许多苔藓和兰花是附生植物，但最著名又种类繁多的附生植物是凤梨科植物。

放大 410 倍

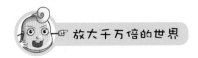
肉食植物

植物也会走路吗?

捕蝇草原本只产于美国的南北卡罗莱纳州的沼泽地,是大受欢迎的奇特之物。这种植物能快速移动,在边缘处有有倒钩的叶子,还有细绒毛(见右页图)。当昆虫在很短的时间内触碰这些绒毛中的两个(或者碰触一个绒毛两次),叶子就会"啪"地突然关闭,同时叶子从凸形(向外弯曲)翻转成凹形(向内卷曲),然后叶子内部表面上的腺体会将消化酶渗出,附着到被捕获的昆虫身上。

■ 并非所有的植物都是从土壤、水或空气中获得养分,有些植物在捕食的时候就像某些动物一样凶残。肉食植物将小动物困住,利用各种各样的化学酶将其消化。植物也有它们各自巧妙的捕食技巧:猪笼草将动物引诱进满是液体的池子中;食虫植物利用其黏黏的表面来粘住猎物;狸藻类植物则利用自然的真空泵将小昆虫拖向死亡。

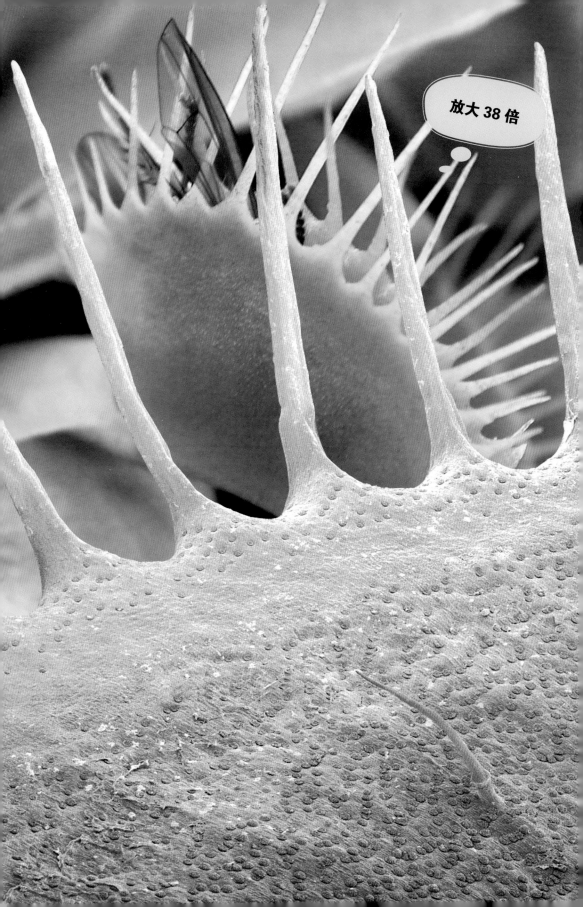

词汇表

哺乳动物

最高等的脊椎动物，基本特点是靠母体的乳腺分泌乳汁哺育初生幼体。除最低等的单孔类是卵生的以外，其他哺乳动物全是胎生的。

附生植物

有些植物不跟土壤接触，直接附着在其他活体植物上面生长，利用雨露、空气中的水汽及有限的腐殖质为生，其中包括蕨类、凤梨、大多数兰花等。

光合作用

光化学反应的一类，绿色植物的叶绿素在光的照射下把水和二氧化碳合成有机物质并放出氧气的过程。

化石

古生物的残骸或其他痕迹，保存在岩石中。化石通常是动物的坚硬部分，如骨骼、牙齿和外壳等在被沉积物掩埋起来之后慢慢通过矿化变成了石头。

花序

花在花轴上排列的方式，分有限花序和无限花序两大类，前者如聚伞花序，后者如总状花序、穗状花序、伞形花序。

呼吸

生物体与外界进行气体交换。人和高等动物用肺呼吸，低等动物靠皮肤呼吸，植物通过表面的组织进行气体交换。

寄生虫

寄生在别的动物或植物体内或体表的动物，如跳蚤、虱子、蛔虫、姜片虫、小麦线虫。寄生虫从宿主取得养分，有的并能传染疾病，对宿主有害。

茎

植物体的一部分，由胚芽发展而成，下部和根连接，上部一般都生有叶、花和果实。茎能输送水、无机盐和养料到植物体的各部分去，并有贮存养料和支持枝、叶、花、果实等生长的作用。常见的有直立茎、缠绕茎、攀缘茎、匍匐茎等。

脊椎动物

有脊椎骨的动物，是脊索动物的一个亚门。这一类动物一般体形左右对称，全身分为头、躯干、尾三个部分。脊椎动物有比较完善的感觉器官、运动器官和高度分化的神经

系统。包括鱼类、两栖动物、爬行动物、鸟类和哺乳动物等。

两栖动物

脊椎动物的一纲，通常没有鳞或甲，皮肤没有毛，四肢有趾，没有爪，体温随着气温的高低而改变，卵生。幼时生活在水中，用腮呼吸，长大时可以生活在陆地上，用肺和皮肤呼吸，如青蛙、蟾蜍、蝾螈等。

裸子植物

分布广泛的一种植物，包括松柏科植物和苏铁科植物，能结籽但是不开花（与开花植物或被子植物相对）。

爬行动物

脊椎动物的一纲，体表有鳞或甲，体温随着气温的高低而改变，用肺呼吸，卵生或卵胎生，无变态。如蛇、蜥蜴、龟、鳖等。

属

在对生命分类中的一个重要的划分，包括了几个密切相关的有着许多共同特征的物种。

碳酸钙

一种分布广泛的矿物质，其化学式是 $CaCO_3$。碳酸钙是由许多海洋生物分泌出来的，存在于霰石、方解石、白垩、石灰岩、大理石等岩石内。

物种

生物分类的基本单位，不同物种的生物在生态和形态上具有不同特点。物种是由共同的祖先演变发展而来的，也是生物继续进化的基础。一般条件下，一个物种的个体不和其他物种中的个体交配，即使交配也不易产生出有生殖能力的后代。

纤维素

植物细胞壁的主要组成部分，主要用来制造纸张、人造纤维等。

纤维植物

能从中取得纤维的植物，如棉花、亚麻、大麻等。

异养生物

只能通过取食其他生物来获取存活和生长所需要的有机化合物（以碳为基础）的生物。

叶绿素

植物体中的绿色物质，是一种复杂的有机酸。植物利用叶绿素进行光合作用制造养料。

真菌

生物的一大类，菌体为单细胞或由菌丝组成，有细胞核，主要靠菌丝体吸收外界现成的营养物质来维持生活。通常寄生在其他物体上，在自然界中分布很广，例如酵母菌、青霉菌及蘑菇、木耳等。

放大千万倍的世界

最前沿的成像技术、最独特的微观视角

人体、自然、宇宙，发现万物富有诗意的"内在美"！

和小肥豆开始一趟精彩纷呈的微观之旅吧！

🪐 穿越宇宙

　　小肥豆带你跨越地球，飞向银河系，闯入宇宙最深处……在浩瀚无垠的宇宙中，你可以近距离观看土星的绝美光环、引逗懒洋洋的天王星，拜访那可怜的被开除了"星籍"的冥王星……快来开始一趟惊险刺激的宇宙之旅吧！

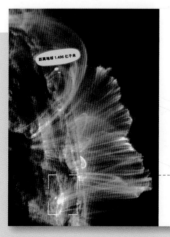

🔬 探索人体

　　孩子们的小脑袋瓜里充斥着许许多多稀奇古怪的问题，总是让爸爸妈妈们瞠目结舌！这套新奇有趣的人体导览手册，解答孩子们最好奇的问题：我为什么会长高？为什么会生病？为什么有如此充沛的精力又蹦又跳？

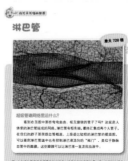

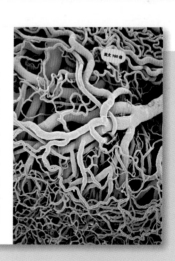

图书在版编目（CIP）数据

千姿百态的生命奇迹 /（英）斯帕罗著；刘敏霞，刘宇译 . — 北京 : 北京联合出版公司，2014.5

（放大千万倍的世界）

ISBN 978-7-5502-2650-0

Ⅰ . ①千… Ⅱ . ①斯… ②刘… ③刘… Ⅲ . ①自然科学—少儿读物 Ⅳ . ① N49

中国版本图书馆 CIP 数据核字（2014）第 026366 号

版权贸易合同登记号
图字：01-2014-0819

千姿百态的生命奇迹

策　　划：英特颂·阎小青

责任编辑：喻　静

特约编辑：邹玉颖

封面设计：郝佳伟

美术编辑：李姗娜

北京联合出版公司出版

（北京市西城区德外大街 83 号楼 9 层 100088）

江阴金马印刷有限公司印刷

全国新华书店经销

字数 112 千字 720 毫米 × 1000 毫米 1/16 7 印张

2014 年 5 月第 1 版 2014 年 5 月第 1 次印刷

ISBN 978-7-5502-2650-0

定价：28.00 元

这是一个啤酒瓶盖吗？快到《太阳系大冒险》里去寻找答案吧！

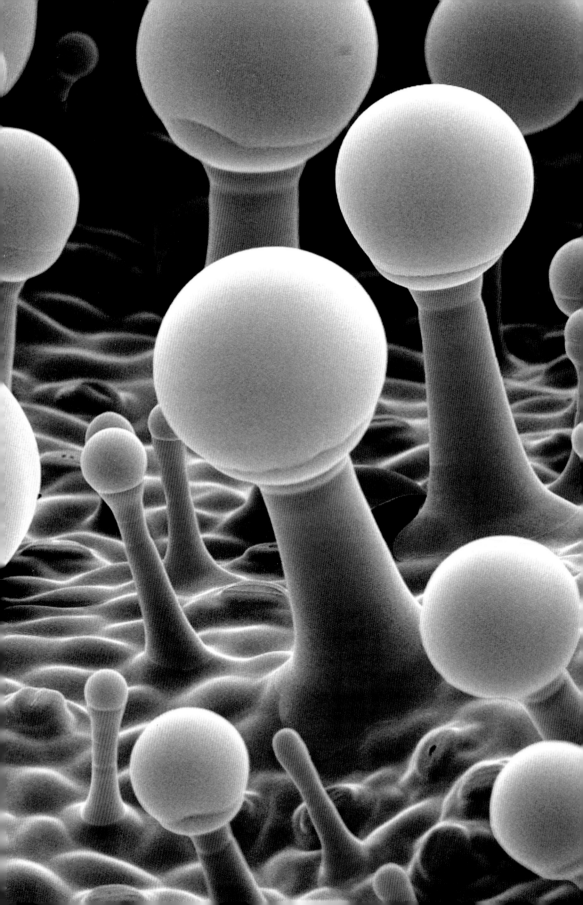